90%高級主管出身業務

B2B聖經

領高薪、晉升快、
認識大老闆，
這是你最快成功的捷徑！

B2B 權威、最受歡迎商管專欄作家
吳育宏 ◎著

就要做 B2B？

買賣雙方關係更長久！

B2B 銷售：當銷售的對象是企業，例如：賣原物料給食品加工廠、賣螺絲給機械製造廠，就是所謂的 B2B（Business to Business），企業對企業的銷售行為。

買賣雙方的互動模式	客戶的需求彈性	採購流程（銷售周期）	決策人員及因素	與製造商的距離
雙向 雙方需多次討論、交涉。	較高	較長	複雜 多為一群人。	**近**
單向 賣方積極說明產品特色。	**較低**	**較短**	**單純** 多為一個人。	遠

為什麼當業務，

客戶規模大、單筆成交金額高、

B2C 銷售：當銷售的對象是個人，例如：賣洗衣機給家庭主婦、賣投資型保單給投資人，我們稱之為 B2C（Business to Consumer），也就是企業對個人的銷售行為。

比較項目	客戶規模	客戶的專業程度	單筆成交金額	買賣雙方建立關係後
B2B	**較大**	較高	**較高**	**緊密且長久**
B2C	較小	**較低**	較低	疏遠而短暫

CONTENTS

第5章

人才？耗材？身為業務怎麼成長？ 205

CONTENTS

推薦序一

將理性的買賣，做成感性差異

大同公司董事長　林蔚山

綜觀商業活動流程，除了直接負責銷售的業務員外，其他人從事的工作，或多或少都與非銷售的銷售行為（non-sales selling）有關。換言之，我們不一定販賣產品，但總希望他人願意接受自己的理念、設計或提案，或許在不知不覺之中，我們早已融合銷售於工作中，迎接全面銷售時代的來臨。

如果說，我們每個人都必須販售某些專業，那麼銷售能力的良莠就顯得相當重要。然而銷售過程中隱而未察、甚至無以名狀的奧祕，卻很難清楚勾勒，以至於一般人談到銷售，便常浮現穿著西裝、辯才無礙的推銷員形象，將銷售流程簡化為口才或人脈等特質決定論，甚至有生意子難生的說法。

本書正是針對上述假定，進行深入淺出、兼具高度與廣度的剖析，協助讀者一窺業務工作的美麗境界。

兼顧深度、高度、廣度的人，走到哪裡都搶手

關於銷售的深度，在於洞悉人性需求。在銷售過程中，不論最終銷售的產品或服務為何，讓客戶買單最根本的原因，還是在於該行為能滿足需求（demand）。需求可以分為硬需求與軟需求，前者著重產品服務特性，後者則著重隱藏的感性層面。而銷售人員能否洞悉客戶的軟需求，將產品的賣點（selling point）轉換為心動點（touched point），也成為能否跳脫出規格與價格紅海泥淖的關鍵，因為與顧客需求的距離遠近，總是比與競爭對手的差異來得更重要。

銷售的廣度，在於平衡理性與感性。在日常生活買賣中，有時候我們並不會只考量價格的高低，有可能是因為交易的便利、貼心的服務、甚至是長久建立的顧客關係影響，這是因為銷售絕不僅是純粹理性的判斷、只是買賣雙方價格談判的角力，在交易過程中的感性層次，有時候是決戰最後一哩路的關鍵。書中建議銷售人員，可以透過交出發言權但保留主導權的溝通技巧，聽懂客戶沒有說出口的話，或是擴大產品的價格區間，以評估客戶價值核心，甚至主動協助客戶聚焦需求等技巧，將看似理性的買賣行為，添加感性的客製差異，這些都是B2B業務跳脫價格戰、找出藍海市場的致勝關鍵。

而談到銷售的高度，在於創造共享價值（Creating Shared Value，CSV）。銷售人員可以拓展工作的視野高度，將眼光放遠，從自利的推銷角度，昇華為創造共享價值的合作夥伴。這是因為每個工作者的尋常日子，可能都是客戶的關鍵時刻（moment of truth），而當客戶的關鍵時刻你都在，即代表你有極強的危機處理能力，以及客戶關係管理實力，這些都是縱橫於B2B市場的業務，能更上層樓的重要條件。

銷售時代的來臨，每個人都扮演著銷售員的角色，然而銷售工作絕非天賦決定，可透過後天的訓練與學習養成。本書透過日常觀察，深入剖析銷售活動的核心與本質，帶領讀者領略銷售的深度、廣度與高度，且其筆鋒兼具溫度與感情，值得讀者細細品味。

推薦序二

B2B銷售完成，才是關係的開始

復盛股份有限公司亞太區總經理　黃金祥

十幾年前與育宏兄在復盛營業部門共事時，歷經了東南亞金融風暴、美國九一一恐怖攻擊，以及許多令人難忘的重大事件衝擊，親眼目睹育宏兄在每一次重大事件中，第一個動作總是先聯繫客戶，宛如關懷自己家人般，站在公司的立場，盡可能幫助客戶共度難關。而在日常業務活動中，我們也曾一起討論如何協助澳洲客戶，以最快的速度獲得回應、成功提高客戶黏著度，至今這位客戶，仍舊是復盛最重要的客戶之一。育宏兄追求持續改善業務，與不斷學習精進的精神，至今仍讓客戶與我印象深刻。

拜讀育宏兄的這部大作，過去共事的種種如電影般在腦海翻頁，依舊歷歷在目。

例如：從過去到現在，復盛公司國際業務開發與維運，仍舊以價值鏈端對端（End to End，E2E）的模式進行，業務與業務主管在某些國家，雖然透過代理商或經銷商掌握當地市場，但仍堅持每一到兩個月，與經銷商或代理商，拜訪當地最終端的用戶，讓我們即時察覺市場變化，並找到更好的方案，讓客戶、經銷商及復盛都能獲利。

育宏兄在書中，不但從宏觀角度的策略思考規畫，也從微觀執行的細節脈絡，深入淺出的用台灣在地案例，與國際文化的角度來闡述，可以看到育宏兄的用心良苦。

當此紅潮供應鏈（編按：即紅色供應鏈，是指中國將原本需要從國外進口的中間財，轉為國內生產，將整個供應鏈建立在大陸）襲擊全球之際，台灣企業除了如施振榮先生所言，如何善用大陸的衝擊與資源建立自身的優勢外，更重要的是如何以品牌文化來融入全球，達成產品、服務與系統的差異化。企業想要取捨的核心價值或核心文化是什麼？如何透過組織將企業核心價值，或核心文化傳遞給目標客戶？又該用什麼方式，與目標客戶溝通核心價值？

這些重要行銷業務問題，透過育宏兄的大作，也提醒我再次做更具深度的思考。因此，我迫不及待閱讀到凌晨兩點多，一口氣將這部大作看完，並在書中找到許多答案及靈感。

如果你正在找一本具有理論作依據，並有實務來驗證的工具書，我會極力推薦育宏兄這本新的作品《90%高級主管出身業務，B2B聖經》，它兼具理論與實務的兩個輪子，讓閱讀過的人可以透過本書，更清楚在業務經營的路徑上，如何施力並更精準的達標，以取得亮眼成績。

推薦序三

業務力，才是經營的基本

資誠企管顧問公司資深副總　何曜宏

二十多年來我所主導的組織變革專案中，企業的營業部門一直扮演非常重要的角色。特別是現今經營環境變化快、市場規則經常改寫的情況下，從第一線的業務人員、業務主管，一直到經營管理階層，都必須有敏銳的市場嗅覺、顧客導向的思維，並且有能力參與行銷及業務決策，一家公司才能在營運上，保有高度的應變能力。

作者吳育宏在行銷業務領域，不但有務實的操作經驗，同時在營業管理系統的設計與執行上，也具備專業的見解，成功協助數十家知名企業，如TOYOTA、LG、Sony、錸德科技、資生堂等，重新建構營業管理系統，打造永續競爭力的重要基礎。本書內容不但有專業經理人需要的高度，也有貼近市場與顧客洞見的深度，非常值得一讀。

推薦序四
B2B市場的入門指南

TVBS無線衛星電視台主播　華舜嘉

會認識育宏，因為我們一個是記者，一個是行銷品牌專家，因一次採訪邀約，我們有了第一次交集。

「不好意思，打擾了，我們今天有個題目想要請行銷專家來幫忙分析，不知道您方便嗎？」

「沒問題！」電話另一端，傳來他很阿莎力的回應。

「請教您那邊的地址是？」

「沒關係，我等一會兒直接到你們公司樓下。」

跑了這麼多年新聞，第一次聽到受訪者這樣回應，當下我愣住了，心想：「這個人有這麼想紅嗎？居然為了上電視還親自跑一趟？實在太誇張了！」當他果真出現在電視台樓下時，給我的第一印象是：身材高高瘦瘦的，穿著合身的西裝、滿臉客氣。令我驚訝的是，互相交換完名片後，他立刻切入正題：「針對您剛才的提問，我整理出三個方向。」並拿出做了滿滿筆記的文件，上頭有著各式各樣的案例。

接著，他就開始解說：「有個火紅的美國品牌『維多利亞祕密』，為什麼品牌名稱取為祕密？是它不想讓產品資訊給大眾知道嗎？相反的，不是……。」

他一開場就用簡單的例子，一針見血的說明，對許多人而言，需要長篇大論解釋的策略。

不只如此，他的確是有備而來，針對我在電話中提出的每個提問，總能犀利的舉出兩到三個產業實例，讓我不禁為他的專業與認真折服。

育宏的作品就和他的為人一樣，他把他的專業、對市場的了解，全部寫在這本書中。不只如此，他還把進入門檻相對較高的B2B市場，用淺顯易懂的產業實例清楚說明，並且透過他個人經驗的分享，讓想進入這個產業的人，能夠少走許多冤枉路，了解自己的價值所在。

當我接下這份推薦序邀請時，台灣的電子產業正好面臨了紅潮來襲，而在企業不斷的降低成本，作為組織重整的策略下，這樣的公司能維持多久？我相信這困擾很多業務人員，更讓許多經營者頭痛。然而，我在這本書中找到了答案。就像育宏在書中提到的，讓自己公司能繼續在舞台上的唯一方法，就是差異化，能越快求新求變、回應市場需求的人，就是贏家。這就是一本如此實用、又能反映市場現象的書。

認識育宏，讓我長了不少知識；讀完育宏的書，更讓我認清自己的渺小，總以為自己對B2B與B2C相關領域略懂一二，現在才知道原來自己還差得遠呢。

這本書從介紹B2B的業務與B2C有何不同、B2B業務的基本功，一路談到成為業務團隊主管時該如何發揮，並如何與國際接軌。從來沒有人能如此專業，並用豐富的案例，把B2B市場分析得如此透徹，這可以說是一本扎扎實實的B2B業務聖經，更是讓你快速了解產業脈絡、不可錯過的入門指南。

作者序
從害怕困難到對難事上癮——B2B業務讓我境界不同

自小學到大學畢業，我大部分的專注力總是在「教室以外」的地方。從內湖高中的團康社、糾察隊，到中山大學的籃球隊、系學會、學生聯合會，我感覺自己和「人」互動，比和「書本」互動來得擅長。於是在似懂非懂、一知半解的情況下，我選擇需要大量與人互動的影印機業務員，作為大學畢業後第一份工作。

初期從事銷售工作的壓力之大，讓我經歷一場震撼教育。拿著皮箱在中山北路、南京東路一帶商業大樓逐戶拜訪的日子，永遠烙印在我心中。我記得剛開始學習面對一張張陌生的臉孔，曾碰過不友善的櫃台人員、忙碌的總務人員，或者是帶著權威的經理人，他們好像一個又一個的巨人，需要我鼓起勇氣、帶著智慧去征服。

在B2B市場有一個特性，**很少有業務第一次拜訪客戶，就能拿到訂單，而初次接觸的對象，也不見得是最終的決策者**。換言之，你必須承受得住一再被拒絕、被晾在一邊的尷尬，即使成功獲得初次接觸對象的信任，到了下一個關卡又是另一個挑戰，這是我當時，也是許多新鮮人剛入行時會遇到的難題。

那時我不斷告訴自己：「其實一張張給人壓力的臉孔背後，最需要克服的是自己。」如果可以戰勝內心對自己的懷疑、恐懼，往後還有什麼解決不了的難題？

終於，在累積數不清的失敗經驗後，我成功了！我從還沒開口就被拒絕，進步到至少能讓對方收下名片和型錄，從站在陌生客戶面前雙腳直發抖，到面對突如其來的問題都可以穩住陣腳、有條理的回答。這也讓我發現，原來壓力給人的成長如此明顯、如此迅速，自此我逐漸習慣，甚至「沉迷」在難度較高的工作。

從業務員、業務主管，到涉獵範圍較廣的管理顧問，再回到產業前線負責行銷和營運管理工作，每一次我挑戰新的領域，都得經歷痛苦的學習曲線，但也能得到伴隨而來的豐富收穫。這幾年我最深刻的體會就是：「往越困難的地方走，一個人的道路就會越寬廣。」

B2B業務工作帶我走過的道路包括：客戶會議室、研發實驗室、工廠生產線、品管檢驗室，**為了確實解決客戶問題，我必須深入這些實務現場**，掌握每一個細節，甚至得挽起袖子來實際操作。例如，我曾經為了一家澳洲的經銷商客戶，協助他們排除機器故障的問題，從業務部辦公室直奔建築物另一端的出貨碼頭，讓本來需要幾天時間才能解決的問題，順利在一個小時內搞定；也曾因為生產線延遲，未能趕出產品交給客戶，而一大早衝去客戶面前，當面向對方道歉並討論解決辦法，結果成功預防問題惡化，客戶也沒有向我們索賠。這些危機，事後想起來還是會冒出一身冷汗，但也讓我練出強大的抗壓性與危機處理能力。

另外，因為經營國際市場的緣故，這條道路也曾經延伸到美洲、歐洲、非洲和亞太地區，讓我增長了許多見識，特別是不同文化背後，呈現的處事方法與商業智慧，例如：荷蘭商人對建立長久合作關係比價格更有興趣，但想與印度人做生意，即使提出再精良的計畫，若缺乏令對方滿意的價格也不可能成功，當我置身國際舞台，才發現不同文化背景下，還有無數的商業模式值得學習或引以為鑑，這讓我的視角更寬闊了。

如今很高興能將我所經歷過的風景，化為文字與讀者分享。希望它有助於讀者走出屬於自己的路，並且征服每個人心中的巨人。

前言
想成為管理者的必修學分

銷售是一切商業活動的起點，從古至今未曾改變。沒有銷售行為就無法完成交易，也不會有其他衍生的商業規則和管理問題，由此可知，銷售活動的重要性。

此外，銷售活動也比一般人想像的還要廣泛，除了每天在你眼前發生的銷售行為，像是買賣汽車、房子、珠寶、日用品等，還有規模更大、種類更多、交易規則更複雜的銷售活動。比方說，化學工廠的業務員想把上百噸的原料，賣給他的下游客戶；機械手臂的製造商，試著推銷新機型給合作夥伴，大型會計師事務所、法律事務所和顧問公司，則持續向他們的企業客戶提出服務建議案。這些企業對企業的交易，我們簡稱之為B2B業務活動（Business to Business）。

B2B業務與客戶建立關係有幾個特色，相較於B2C來說，B2B業務接觸到的客戶比較少，例如，門市人員一天可能會接觸上百個客戶，但B2B業務一天可能拜訪四到五位客戶就是極限；相對的，B2B業務服務同一個客戶的時間較長，**與客戶的合**

作關係也不會僅限於一筆交易，因此如何維護顧客關係，以及建立穩定獲利的客戶組合，對Ｂ２Ｂ業務而言就是非常重要的一門功課。

此外，比較Ｂ２Ｂ以及Ｂ２Ｃ業務會發現，通常Ｂ２Ｃ業務會單向提出產品的優點，以向顧客銷售商品，而Ｂ２Ｂ業務接觸的客戶有時甚至懂得比你多，多半必須與客戶經過無數次的討論後，才會締結合作關係。故Ｂ２Ｂ業務提供的產品客製化程度較高，加上因企業或專案的目標不同，Ｂ２Ｂ業務必須具有高度的彈性，才能協調出符合客戶需求、又能讓公司獲利的合作方式。

還有一點出乎大家意料之外，很多人談到業務，會立刻聯想到口若懸河的推銷場景，但**對於Ｂ２Ｂ業務來說，他們的角色更接近專案管理人員，而非推銷員**。因為Ｂ２Ｂ業務不只要代表公司對外服務客戶，還要對內溝通，使用公司內部既有的資源，做出最大的成果。另外更重要的是，與上游製造商建立良好關係，畢竟，唯有一定水準以上的生產團隊做你的後盾，才能做出令人驚豔的成果。

在我看來，傳統大眾對業務的印象（推銷並說明產品特性），只是業務的其中一環，我認為業務工作的核心，尤其是Ｂ２Ｂ業務，更應該是為客戶解決問題。

決策對象從一個人變成一群人

在過去資訊科技尚未成熟的年代，買方（顧客）掌握的資訊較少，在議價談判上經常居於弱勢，賣方（業務員）只要施展一些技巧及話術，很容易就能達到成交的目的。

於是，我們對業務員的印象越來越負面，縱使對方口才佳、能滔滔不絕解說自家的產品，卻還是不自覺的把這些資訊當成話術，把對方當成騙子。這樣的情況，在消費品市場尤其明顯，因為多數人都不是產品專家。

這一點，在B2B市場上更是關鍵。畢竟**B2B業務談的，可能是價值百萬或千萬的案子**，客戶必定會對第一次見面的業務產生警戒，加上他們對產業的了解、產品的認識程度甚至比你多，因此，若想打動對方，**光憑口才或高超的交際能力，只會被貼上專業能力不足的標籤**。

此外，B2B不僅牽涉的金額較大，採購決策者通常也不只是個人，而是一個群體。所以B2B市場的決策流程冗長，對業務員來說要蒐集的情報更多元，促成交易需要考量的人、事、物必須更全面、更深入。這些商業活動本質上的差異，造成B2B和B2C業務人員，需要的知識與技巧，有許多不同之處。

舉例來說，要把一支手錶賣出去，業務員要溝通的主要對象，是站在面前的顧客，而讓顧客決定跟你買的關鍵，通常就在三十分鐘到一小時內的談話內容中，這是典型的

Ｂ２Ｃ場景；但當業務員談的是一百支手錶的企業贈品合作案，或是一千支手錶的代工訂單，那麼他溝通的對象就包括採購人員、產品設計師、高階主管，甚至客戶生產線的員工和主管，都可能是關鍵人物。

想當然耳，成功拿下一張訂單的時間就必須更長，決定成敗的因素也從單純的價格、規格，延伸到供應商的生產製造效率、運輸倉儲能力等。換言之，那些從產品型錄上能看得到的資訊，已經無法滿足客戶，Ｂ２Ｂ的客戶更期待的是，你是否具備那些沒被標示在型錄上，實際能提供的附加價值，也就是替他們解決問題的能力。

想更快出人頭地，就要當B2B業務

在我的Ｂ２Ｂ業務職涯裡，因為接觸的對象較廣泛（從基層採購員到高階決策主管），需要了解的流程較深入（從產品的設計、製造到品質保固等），相對要面臨的困難也不少。像是在報價單提交期限的前一天，還在挑燈夜戰研究管線配置圖；或是遇到刻意刁難的客戶阻擾，遲遲見不到關鍵決策者；也曾經為了完成服務建議書，加班到凌晨四點。

看到這裡你或許會想，如果這麼辛苦，為什麼我要選擇成為Ｂ２Ｂ業務，還一度暫別職場繼續進修充電，又「不知死活」的回到這個專業？

我想到的答案，是因為挑戰。我前面提到過，B2B的銷售過程較冗長，成交時總得經過反覆的溝通、協調、否決、再溝通，最後才能做出令客戶滿意、公司也能漂亮獲利的成果。而在每一個過程中，我遭遇過無數次的打擊、挫折，但這也讓我有機會修正我的錯誤、看見自己的不足，讓自己持續前進。

而在我必須承擔越來越多管理責任，進一步在顧問領域，有機會以經營者的角度理解企業運作之後，我才從「見山不是山」回到「見山是山」的境界。原來**B2B工作經驗涉及的人際關係管理、營運問題解決，培養的不只是一名業務人員，而是成為管理者、企業家最好的必修學分**。

例如，當產品、產能出了問題，業務必須第一時間去了解和處理；訂單太多或太少，業務都要煩惱、都得想辦法和客戶溝通或開發新的客戶，而這些問題，正好是一位老闆必須關心的核心議題。換言之，那些現在看似很痛苦、很折磨人的問題，都是成為經營者的必修學分。

我一直認為，銷售是一個沒有標準答案的領域，然而它又有一些規則可以歸納跟依循。這本著作提供了一些我個人的經驗和淺見，這是屬於我的答案，希望它也能協助你建構出屬於自己的答案。

第1部

志在B2B業務，這可不是一般業務

第1章

懂這些基本功，高薪、管理職等著你

1 這行進入門檻比較高，但這是優勢

一名銷售工廠自動化元件的業務員，他面對的客戶，可能是有數十年經驗的製程工程師或採購主管。此時，若是這位B2B業務員，只具備談論一顆元件的規格和價格的專業，要爭取到新客戶的機率，根本微乎其微。因為在客戶關係建立的過程，雙方可能從產業趨勢、上下游廠商動態、製程技術發展等，一直聊到與客戶相關的任何工程問題。

與不同產業業務員交流的過程，經常談論到一個有意思的話題：「到底B2B產業（企業對企業的銷售行為）和B2C產業（企業對個人的銷售行為）兩者有何差異？」這不是一個容易給標準答案的問題。

即使兩家公司同樣屬於B2B（或B2C）領域，也會因為商業模式、產品類別的不同，而推出不同的行銷模式。

一般來說，當銷售的對象是企業，例如：賣原物料給食品加工廠、賣螺絲給機械製造廠，就是所謂的B2B（Business to Business），企業對企業的銷售行為。

而當銷售的對象換成個人，例如：賣洗衣機給家庭主婦、賣投資型保單給投資人，我們則稱之為B2C（Business to Consumer），也就是企業對個人的銷售行為。

但是，如果由銷售循環（Sales Cycle）的角度，為B2B和B2C做出區隔，也就是從「買賣雙方完成一筆交易的完整流程」來看，我們可以說，B2B產業的銷售循環較冗長、過程相對複雜，業務人員建立專業知識的門檻也較高。

舉例來說，一名銷售工廠自動化元件的業務員，他面對的客戶，可能是有數十年經驗的製程工程師或採購主管。此時，若是這位B2B的業務員，只具備談論一顆元件的規格和價格的專業，要爭取到新客戶的機率，根本微乎其微。因為**在客戶關係建立的過程，雙方可能從產業趨勢、上下游廠商動態、製程技術發展等，一直聊到與客戶相關的任何工程問題**。如果沒有建立起專業對話的能力，即使接觸再多的潛在客戶，也很難發展出有價值的關係和商機。

從這樣的角度分析，可能會讓有意從事B2B業務工作的人卻步。不過，**這種進入門檻比較高的劣勢，正是B2B業務人員的優勢**。因為銷售流程被拉長，以「戲棚下站久了就是你的」這句諺語，來形容B2B的客戶經營，是再貼切不過。

此外，從事一般門市銷售的B2C業務員，因為顧客往來的流動率高，對某位顧客

圖一　B2B 與 B2C 產業特性比較

B2B 市場特性	B2C 市場特性
● **銷售對象為企業** → 決策者通常不只一個人。	● **銷售對象為個人** → 決策者通常即為眼前的顧客。
● **銷售流程拉長、客戶的專業知識高** → 客戶仰賴業務解決問題的能力，與客戶建立信賴關係後，被取代性較低。	● **銷售流程短** → 若顧客已了解產品，通常以價格決定是否購買產品。
● **與單一客戶往來的頻率高** → 若合作過程出現問題，未來仍有機會修正，並能成交多筆訂單。	● **與單一客戶往來的頻率低** → 業務不需要花很多時間服務同一個顧客。
● **單筆交易成交金額高** → 業績獎金相較於零售業務更高。	● **單筆成交金額較低** → 多半需靠大量來客數衝業績才能達標。

B2B 的客戶關係長，單筆成交金額高！

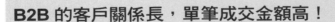

因為溝通不良所犯的錯誤，可能再也沒有修正的機會。但是在B2B領域，只要客戶的基本需求沒有改變，你永遠有再一次接觸他們、再一次修正溝通策略的機會。前提是，業務員必須要有策略性思考的能力，不僅要懂得選擇對的戲棚（目標客戶），也要清楚站的方式（溝通方法），那麼總有一天，戲棚真的會是你的。

在我的第一份B2B業務經驗中（銷售影印機），不知道犯了多少錯誤。有時候是把不適合的產品推薦給客戶，有時候是報價單給的時機太早或太晚，還經常因為不懂得察言觀色，在客戶面前說了許多不得體的話。現在回想起來，這些錯誤對缺乏經驗的菜鳥來說，也情有可原。

值得慶幸的是，當時我遇到無私又有耐心的主管，在了解自己的錯誤是什麼之後，我可以一次又一次回去接觸客戶，一次又一次調整自己的溝通方式。只要客戶的公司還在，只要業務員保持虛心學習的心態，成長的空間永遠沒有極限。

B2B業務絕學

業務員必須要有策略性思考的能力，不僅要懂得選擇對的戲棚（目標客戶），也要清楚站的方式（溝通方法），那麼總有一天，戲棚真的會是你的。

2
B2B業務要讓客戶說話，你得懂發問

很多人以為，當業務最重要的條件就是口才與人脈，偏偏對B2B業務而言，這兩者反而是其次。

這是一個人人需要銷售力的時代，我想大部分人都會同意這句話。

各大書店裡，行銷業務類的新書總是排滿書架。以銷售為主題的課程，也永遠是教育訓練市場上的熱門商品。若是你走到街上遇到一位路人，告訴他銷售觀念的重要，以便我們把產品銷售給顧客、點子銷售給主管、觀念銷售給家人，因而擁有自信又美好的生活，通常對方一定會點頭如搗蒜。

但是，如果你問剛離開校園的社會新鮮人，或是考慮轉換跑道的職場工作者，許多人對業務工作卻是敬而遠之。

對於沒有從事過第一線銷售工作，或是實務歷練不深，僅透過書籍閱讀、課程進修、自我想像，來獲得相關知識的人來說，可能對業務工作有許多誤解。我一直認為，這些誤解正是為什麼談到業務工作，人人都可以馬上化身為球評，說得一口好球，但有勇氣投入賽場的人卻是少數。

第一個關鍵是**人脈**。大家都強調人脈的重要，於是不管資淺或資深的業務人員，都努力研究培養人脈的方法。這也是許多新鮮人，**對業務工作的第一道自我設限：「我沒有人脈，所以不適合從事業務工作。」**

每次聽到這種讓人啼笑皆非的答案，我總是想：「每個人呱呱墜地時，到底有誰是帶著人脈來到這世界上的？」

人脈重要嗎？無庸置疑很重要。重要到許多人費心鑽研、全心投入，只希望自己多認識一些具有影響力的貴人，以等待一步登天的機會。這種思維最大的盲點在於，誤把過程當成了結果。

就如同一家商店的經營者，整天招攬加盟、擴大通路，但是鮮少關心貨架上到底有沒有好產品給顧客。結果通路布建得越廣、貨架越顯得空洞貧乏；在顧客面前的曝光頻率越高，負面宣傳效應也越強。

多年前有位年輕朋友想投入業務工作，跑來詢問我的意見，也希望從我這邊得到一些協助。我發現他對透過關係、見到一流企業的高階主管很感興趣，於是我介紹不少業務主管給他認識。而他也很努力做功課，希望能在面試時給對方留下好印象。

但對於做好業務工作本身需要具備的條件，他卻大多敷衍了事、漠不關心。例如，他寧願把時間花在爭取更多的面試機會，卻不從根本思考，該如何提升自己的外語能力及商業知識。

多年過去，他的確認識更多大人物，但他並沒有用自己打造的人脈網絡，創造更高的個人價值。換言之，即使他繼續耕耘人脈，對他未來的發展也沒有多大的幫助。

再看另一項，所有人都認為是成為業務必備的能力：口才。有人甚至斷言，好口才是超級業務員的必備條件。真的是這樣嗎？試想以下的場景。

當我們走進一間鐘錶門市遇到兩種銷售人員，一位是將產品知識倒背如流、推銷展示能力爐火純青的說話高手，一位是產品介紹中肯樸實、**溝通過程習慣傾聽的**業務菜鳥，哪一位可以給顧客較高的信任感、成交機率也較高呢？

因為我要購買的是手錶，而不是在挑選演員或演講人才，所以我會選後者。

如果，身為消費者的感受是這麼直接，為什麼我們身為業務時，會誤以為非得用制式的銷售話術，才能獲得顧客的青睞呢？

實際上，需要不斷拓展人脈、不斷說話討好別人，這都是普遍大眾對業務工作的刻板印象。

不管這些誤解從何而來，它都不是成功業務工作的真實面貌。

那麼，具備何種特質的業務，才容易成功呢？

用問題引導對話，讓客戶說更多

由於身兼B2B業務管理與專案管理的角色，我經常有機會在評選供應商的過程，對照觀察不同業務人員的風格。

在一次重要的採購專案，我們邀請三家供應商的業務團隊來做簡報。第一家的業務，一見面就不停噓寒問暖，交際能力實在令人佩服。而第二家的業務，則是投影片開始播放後，就滔滔不絕的介紹他們的強項，我想他很確定自己要說什麼，只是不太關心客戶想要聽到什麼，整場簡報下來，我反而對他單向表達的能力印象深刻。

第三家廠商的業務，是三家中最「惜字如金」的。他總是用問題來引導一段對話，不斷詢問提案的方向和細節，漸漸把問題聚焦並做出總結，所以**客戶說話的時間遠比業務員多**。而且，因為他的問題總能直指關鍵核心，我很確定他事前做足充分準備。

我和幾位參與評選的主管一致同意，第一位是公關高手，而第二位則是說話高手。同時，我們也很確定這個專案，要找的是能解決問題、滿足需求的高手。最後，我們選定第三家廠商為合作對象，因為他們才是真正的B2B高手。

不必是數學高手，但得對數據「有感」

除了解決問題的能力外，身為Ｂ２Ｂ業務還需要一項非常重要的特質，就是對數字有感。這裡並不是說，你得是數學高手，或者很會計算公式，而是應該做到正確解讀數據的意義，進一步提出符合客戶需求，並能衝高業績的計畫。

一般而言，業務最常接觸到的就是業績數字，因此，以下我提出在判斷業績數字時，最常見的五個陷阱，讓你能正確解釋數據。

一、營收與淨利：

營收並不是真正賺到的錢，淨利才是。所謂的淨利，即指：

營收－銷貨成本－營業管銷費用＝淨利。

如果在爭取大訂單、大客戶的過程，犧牲合理的毛利率，在付款條件、額外服務上做了過多承諾，或在管銷、公關費用上支出過多，最終的淨利也可能非常低。因此，在看業績數字時，更應該比較淨利的貢獻程度，才能看出為公司賺進多少實質的獲利。

二、舊葉與新枝：

若你正努力開拓市場，而業績報表上的營收超過九成以上來自舊客戶、舊產品，那就要當心了，因為這表示在產業轉型時，可能會流失舊有的關鍵客戶，造成營收大幅降低，嚴重還會影響整體營運。建議採取八〇／二〇法則，維持二〇％新客戶的比例，即使面臨調整營運策略，也能避免大失血的風險。

三、接單與出貨：

製造業普遍存在接單不等於出貨的現象，如果業務突然承接數量龐大的訂單，但工廠產能無法負荷，那麼客戶就可能因為你延遲出貨而砍單，原本漂亮的業績，也會因此變成難看的銷貨成本。因此，業務工作絕對不能在成交後就結束，還得確保產品準時出貨、客戶不會臨時改變主意抽單。

四、分子與分母：

想衡量自己的業績貢獻程度，你可以與業績相近的同事比較，你投入的成本、動用的資源是否高於別人？一般來說，銷售業績就是分子，而投入成本就是分母，所得的結果就是你的生產力。從生產力的角度檢討績效，你很容易就能看出自己哪裡需要補足，又有哪裡需要控制成本，自然能提高產能。

五、帳款與現金：

取得一筆訂單，就代表公司多了一筆應收帳款。對於不重視收款的業務，一味衝高業績反而會使公司暴露在極高的資金風險下，因此在比較業績數字時，也該將收款成效列入考量。畢竟，銷售業績反映到財務報表上，代表的可能是現金，也可能是應收帳款，但兩者對企業資金的流動性，則有完全相反的意義。

由此可知，當業務具備解決問題的能力，又能對數字保持有感，自然能降低無形的成本，為公司與客戶製造獲利，這樣的人才走到哪裡都搶手！

其實，只要仔細想想，自己在購買商品的過程中期待的是什麼。自然能體悟，成功業務需要具備什麼樣的特質。

B2B業務絕學

需要不斷拓展人脈、不斷說話，是業務工作被冠上的刻板印象，但比起精采的產品解說、過於油膩的奉承吹捧，用問題引導客戶，才是真正的B2B高手。

3 B2B的命脈，其實來自B2C

即使你面對的是企業客戶，
但別忘了，客戶背後的終端使用者，才是整個產業鏈上最重要的命脈。

若將客戶管理，進一步劃分為B2C（消費市場）和B2B（產業市場）兩大領域，B2B客戶管理因為交易流程更複雜、決策因素更多元，因而存在許多挑戰甚至是障礙，無形中耗損了企業的獲利和競爭力。以下簡述管理B2B客戶上，容易遇到的幾個盲點：

一、業務員的個人技巧或單打獨鬥，在B2B客戶管理上的效果相對有限。

不像一般消費者，單純購買某種產品或服務，**企業客戶需要的，通常是一套完整的解決方案**。因此，**組織內部的團隊運作是否流暢**，才是達成客戶滿意的關鍵。

然而，很多企業為了服務大客戶，組織規模隨之擴張，反而因為專業分工，加深了部門和個人的本位主義。最後導致無法有效整合客戶情報，也無法及時得知客戶的需求，這多半是組織結構的問題。若只看到問題的表象（客服人員的態度、專業知識有待提升），沒有針對問題的本質去探討，管理就會淪為表面功夫。

重新檢討企業組織的設計與分工，重新定義業務代表、專案經理、後勤人員的角色與職責，才有機會打造一個以客戶為核心的團隊。其實，B2B客戶管理的確需要「本位主義」，只是它應該以「客戶」為本位。

二、不是裝了什麼系統，B2B就能上手

許多公司認為裝了企業資源規畫（Enterprise Resource Planning，ERP）或顧客關係管理（Customer Relationship Management）系統，就是在執行客戶關係管理策略。

這些系統、軟體、工具，的確幫許多大型企業整合跨部門的資料，以利中大型組織的決策判斷。但是很多情況下，業務部門只是把這些系統當作處理訂單、完成交易的工具。這就表示，業務人員不理解客戶關係管理的目標與目的，自然無法有效使用手上的資訊。

實際上，**B2B客戶的管理重點，在於「二階」資料的分析**。也就是從最原始的「一階」資料像是：交易紀錄、客戶名單等，業務人員進一步辨識出潛在商機、預測客

業務專業百科

● **企業資源規畫（Enterprise Resource Planning，ERP）**

企業資源規畫是由物料需求規畫（MRP）、製造資源計畫（MRPⅡ）演變而來的延伸版本。以往的物料需求規畫系統，著眼於「製造資源規畫」，而ERP主要由「經濟訂購量、安全存量、物料清單（BOM）、工作計畫」的功能組成。

企業資源規畫是延伸原有的物料需求規畫範圍，涵蓋企業所有活動的整合性系統，通常包含有：財務會計、成本會計、產品配銷、生產管理、物料管理、倉儲管理、人力資源、專案管理、品質管理等系統。

● **顧客關係管理（Customer Relationship Management，CRM）**

乃是企業利用資訊科技與流程設計，透過對顧客資訊的整合性蒐集與分析，來充分了解顧客，並利用這些知識，精確的區隔有潛力的市場，或提供一對一的客製化銷售與服務，使得顧客感受到最大的價值。其目的在提升顧客的滿意度與忠誠度，並能吸引良性的新顧客，共創企業最大的收益與利潤。

戶需求和市場趨勢、提升與客戶互動的品質（二階）。然而，有太多人固守著一階資料，卻沒有二階的策略性思維與作為，那麼價格再昂貴、功能再齊全的系統，也無用武之地。

三、輕忽終端客戶

客戶管理的眼光，如果只放在直接客戶（例如：手動工具製造商的直接客戶，是它的代理商），沒有了解和掌握終端客戶（例如：手動工具製造商的終端客戶，是工廠裡的組裝員，他們才是真正使用產品的人），企業永遠只能在產業鏈上扮演高效率的代工廠，很難成為高價值的創新者。如何把視野往產業的更下游延伸、更接近市場的終端顧客，正是台灣企業最需要突破的瓶頸。

提到跨越直接客戶（B2B），從終端客戶（B2C）建立起影響力，英特爾（Intel）算得上是最成功的經典案例之一。當一九九一年，英特爾提出「Intel Inside」的行銷策略時（即電腦製造商在產品與廣告上標示Intel，可以獲得最高五〇%的補助），高達一億美元的預算，在公司內部出現許多雜音。

很多經理人質疑，一家晶片製造商為什麼要花這麼多預算，在它的終端消費者身上?從傳統的思維來看，英特爾應該專心照顧它的B2B客戶（電腦製造商）才對。

結果證明，英特爾堅持推動 Intel Inside 策略，讓這家公司在晶片製造與技術門檻大

圖二　B2B 客戶管理容易遇到的三大盲點

一、靠業務員的個人技巧或單打獨鬥。在 B2B 客戶管理上，效果相對有限

➡解決方法

不像一般消費者，單純購買某種產品或服務，B2B的企業客戶需要的，通常是一套完整的解決方案。因此，組織內部的團隊運作是否成功，才是達成客戶滿意的關鍵。

二、認為裝了〇〇系統就能做好 B2B

➡解決方法

B2B客戶的管理重點，在於「二階」資料的分析。也就是從最原始的「一階」資料如：交易紀錄、客戶名單等，進一步辨識出潛在商機、預測客戶需求和市場趨勢、提升與客戶互動的品質（二階）。

三、輕忽終端顧客

➡解決方法

在管理客戶時，應將眼光延伸至「終端客戶」，也就是真正使用產品的人，如英特爾公司（Intel）一樣，推行「Intel Inside」的行銷策略，提高品牌在終端用戶的能見度，使其成為世界上最大的半導體公司。

幅降低的戰國時代，仍能保有領先地位。因為這個B2B品牌，不但有能力對它的直接客戶施加推力，也受惠於來自B2C顧客的拉力。

我們都知道，**B2B客戶很重要沒有錯，但是別忘了，其背後的B2C顧客，才是整個產業鏈上最重要的命脈**。

除了以上這三大盲點之外，許多業務在管理客戶時，還會遇到一個迷思：也就是，拚命開發新客戶卻忽視維繫舊客戶。根據美國行銷學會（American Marketing Association）的統計數字顯示，**獲得一個新客戶的成本，是維持一個滿意客戶（舊客戶）成本的五倍**。在某些產業，這個數字會更高。

也就是說，當我們費心爭取新客戶的同時，如果因此忽略與舊客戶的關係，中長期來說，可能帶來龐大的損失而不自知。如果你沒有妥善經營客戶，隨時會有一堆競爭者伺機而動。因此在現今的市場環境，客戶關係管理的重要性無庸置疑。

B2B業務絕學

用終端客戶的正面評價，作為你締結合作對象的籌碼，會比拚命削價競爭或到處攀關係，成功率更高。

4 經營關鍵人物，比拜見大人物重要

B2B市場有一個特性，第一次拜訪客戶時，有九成以上的機率無法拿下訂單，但日後能否成交的關鍵，往往在於你最初接觸到的那個人。

我剛出社會時，曾經擔任過一段時間的影印機銷售員，主要工作就是拜訪轄區內的各種公司行號，說服他們更換新的影印機，或是簽訂租賃合約。這個市場有一個很有趣的特色，就是業務員跑得再勤快、拜訪再多公司，也很難遇到一個客戶會說：「吳先生你來的正好，我們公司剛好沒有影印機，請送一份報價單過來。」

記得第一次拜訪李小姐的公司時，他們公司和我陌生拜訪的其他一千家公司一樣，都已有影印機設備。而當時像我一樣的業務員，在公司行號林立的台北市中山區，更是滿街都是。因此，在我第一次拜訪對方，並好不容易拿到名片後，就被下逐客令。但和其他業務員不同的是，我沒有因為她不友善的態度卻步。

後來，大約每個月我會拜訪她一次，停留五分鐘了解近況。主要目的，是關心他們公司那台經常卡紙的影印機是否健在，或是否有更換新機的打算，而得到的結論總是「再評估看看」。

幾次拜訪讓我發現，她從來沒有靜下心來，仔細了解汰舊換新的優缺點、效益為何，只是單純想打發我。畢竟多數人都存著：「業務來訪的目的，都是為了賺獎金」，客戶會有這樣的反應，也不足為奇。

某天再見到李小姐，她沒有穿著以往的套裝，而是寬鬆的洋裝，原來她懷孕了。這讓我想起自己的姊姊，去年才剛生產。我心想，李小姐要是真如家人般，願意卸下心防和預設立場，客觀了解我提供的新機建議案，一定會發現，淘汰舊機能提升工作效率、減少同事抱怨、還能改善文件品質，有諸多好處，也是他們真正需要的。

很可惜的是，她把我當成唯利是圖的業務員，而不是弟弟。但是另一方面，看看我自己呢？在每個月拜訪確認暫無需求之後，也總是敷衍結束對話。其實我也是把她當成商場上的客戶，不是嗎？

此時我突然頓悟般問自己：「當懷孕的人是自己的姊姊，我會做什麼？」

隔天早上，我再次拜訪李小姐。她見到我有些不耐煩：「你昨天不是才來過嗎？我今天真的很忙，你有什麼資料放著就好。」

我回答：「不好意思，我今天不是來談影印機的。」

接著，我從皮箱裡拿出一本小冊子。

「去年我姊姊懷孕，她說這本奶粉公司送的《媽媽手冊》，有很多實用的資訊，我特地拿來送給妳。」

李小姐當下的表情，夾帶著剛才來不及收回的不悅，以及突然而來的驚喜和感謝。那種尷尬的氛圍，也讓我不知如何是好。

順著她才說出口的話：「資料放著就好。」我把媽媽手冊交到她手上後，拿起皮箱和她道別。她嘴巴只說了「謝謝」兩個字，但是眼裡充滿很多情緒，溫暖的情緒。

事後不到幾周的時間，我接到李小姐第一次親自打給我的電話。那通電話讓我第一次**在沒有競爭者的情況下，成交案子**。

透過那次的經驗也讓我體會到，其實成交的關鍵，**不在於你是否見到組織裡的大人物，反倒是那個每天與產品相處的人，才是B2B業務該努力經營的對象**。

B2B業務絕學

你打交道的基層人員，其實都不是真正決策者，但他們往往就是，提供產品使用心得給決策者的關鍵人物，更是你該用心經營的對象。

5 客戶不會自動上門，請審視你的客戶組合

賣車、賣保險，客戶會自動找上門，但B2B業務的客戶哪裡來？就藏在你的客戶組合裡。

客戶是企業的命脈，也是一切商業模式思考的原點。無論是新創公司還是百年老企業，有穩固的客戶基礎，才有健康的經營體質。因此，客觀的診斷一家公司的「客戶組合」（client portfolio，你手上的大小客戶與潛在客戶名單），是擬訂營業策略最重要的基礎工作。

三個指標，維持幾個客戶你就領高薪

「營收集中度」是我最常使用的首要指標。八〇／二〇法則告訴我們，八〇%的營

收集中在二〇%的客戶，然而在特定的利基市場（niche market），營收集中的程度可能會更高。例如，在航太、工程、代工或其它壟斷性的產業，少數關鍵客戶，就能支撐一家供應商九成以上的營收。

另一方面，在多數產業必須朝多角化、深化通路布局的方向發展之際，**營收集中度下降是必然的趨勢**。以往透過大客戶、大訂單來達成績效目標的榮景，在市場區隔更細、客製化程度更高的情況下將不復見。

了解營收集中度，也是評估事業風險的重要一環。當一、兩家VIP客戶，為你帶來眼前豐厚的營收，短期來看是利多，長期來看，則是提高了營業風險。因此，營業策略的擬訂永遠是在短期與長期、分散與集中之間，力求最佳的動態平衡。

第二個檢驗的指標，是客戶黏著度。在B2C市場它稱為顧客回購率，社區型的商店有很高的顧客回購率，但是在觀光地區的紀念品販賣店，回購率就很低。它不僅取決於顧客對產品、服務的滿意程度，也受限於地理、交易便利性等因素。

在B2B市場，它被稱為重複採購率，機器設備若是需要大量安裝、操作、運轉、保養的教育訓練，也就是客戶的學習曲線較長，在產品汰舊換新時，重複採購的機率就會較高；相反的，**規格標準化、缺乏專利保護的零組件產品，若是靠一時的低價策略搶到訂單，未來更低價的廠商出現、喪失價格優勢時，客戶的重複採購率就會很低**。

評估自身公司的客戶黏著度高或低，也反映出我們與客戶發展的關係，是短期買賣，或者能成為長期戰略夥伴。

第三個指標為持續性收入比重。以汽車市場為例，因為市場上競爭激烈，行銷的成本越來越高，透過新車銷售獲得的利潤不斷下降。然而，當一個品牌的市場占有率提高後，來自售後服務的持續性收入就會增加。它包括原廠、代理商、上游供應商的零件出貨量、服務維修收入的增加等。

相反的，若是一個產品的維修、保養、售後服務帶來的營收和價值不高，供應商祭出流血性訂價，可能只提升短期市占率，但是對品牌價值、企業持續性發展的貢獻就十分有限。

但要留意一件事，持續性收入比重很高的公司，例如：特殊機械製造廠，因為舊客戶帶來穩定的營收、不必經常汰換客戶組合，業務團隊也較容易喪失，對產業和市場的觀察與應變能力，故必須常保危機意識。這就是我診斷一家公司客戶組合的邏輯。

B2B業務絕學

用這三個指標：營收集中度、客戶黏著度、持續性收入比重，時時檢視你的客戶組合，維持八成的舊客戶，二成新開發客戶，就能確保業績穩健成長。

圖三　用三個指標，打造穩定獲利的客戶組合

1 營收集中度

通常，公司80%的營收來源，會集中在20%的客戶上，這個指標也是評估事業風險時，不可或缺的參考關鍵。

2 客戶黏著度

在B2B市場，它又稱為「重複採購率」，可用來評估與客戶發展的關係，是短期買賣，或能成為長期戰略夥伴。

3 持續性收入比重

當一個品牌的市場占有率提高後，來自售後服務的持續性收入就會增加，這對品牌價值、企業持續性發展，都有顯著的幫助。

↓

打造穩定獲利的客戶組合。

6 新案源，多數來自「轉介紹」

「轉介紹」是這個行業裡非常重要的新案子來源，成交機率也比陌生拜訪的客戶高出許多。關鍵就在於，你如何從舊關係挖出新價值。

這是一個很講究關係的時代，人脈是最熱門的話題。

不管是金融、保險、直銷所需要的大量人脈，或是爭取大型客戶訂單欠缺的關鍵人脈（臨門一腳），甚至是辦公室裡鞏固地位的政治人脈，如何經營出人際關係的質與量，是在商場與職場成功的必備條件。

杯酒交歡可以經營出人脈，但是來得容易的關係、去得也容易；真實價值也可以經營出人脈，只要是在互惠、互信、互助的基礎上建立的價值，就可以確保雙方關係的穩定。因此，我認為**建立人脈最重要的一步，就是找出價值。而且，要將帶給對方的價值放在第一順位，自己得到的價值是第二順位**，也就是所謂先利他、再利己。價值確定了，人脈自然水到渠成。相反的，價值若薄弱，即使是靠人情請託來踏出第一步，後續的關係也難長久。

因此，在建立人脈時，有三點要特別留意。

一、特別小心那些著重表層關係的人

有品質的關係，是建立在雙方價值觀的契合，而不是短暫的利益交換。如果你認同這句話，那麼你可能也同意，要了解一個人的價值觀是需要時間的。既然如此，好的關係是靠慢火加溫，而不是丟進微波爐裡就可以速成。

舉個例子，我的朋友遇過一位主動找上門的客戶，才剛認識，對方就展現非常友善的態度，不斷表示合作的意願，希望趕快建立商務關係。

想不到，才正式合作兩個月，因為一次會議上的意見不合，這個客戶就主動停止合約關係。而且連白紙黑字、具有法律效力的合約也不認帳，大言不慚的單方面解釋為爭議。最後，還是得進法院、請出法官，才有辦法阻止他繼續打迷糊仗。

回頭檢視這位信用有問題的人，一開始建立關係的異常熱情，好比微波爐快速加熱的作用；食物是很快熟了沒錯，但其中的營養素也被破壞殆盡。依這種人的處事方式，他需要不斷尋找新的合作夥伴，一再從頭建立快速加溫的關係。但是我們都知道，長期吃微波食物，是沒有辦法讓一個人維持健康的。

二、顧客關係管理的重頭戲，是在成交之後才開始

大部分的銷售活動中，買賣雙方有一個黃金交叉點。在成交的那一刻，客戶因為花錢買了新的產品和服務，熱情持續上升；但是業務人員訂單到手後，注意力轉移到下一位客戶，熱情反而開始遞減。很多人就是不知道，如何處理一次又一次交易流程中的黃金交叉點，才導致顧客關係管理的成效低落，永遠在創造新的關係、流失舊的關係。

這種盲點在影印機市場也很常見。許多業務員在客戶簽單成交之後，就把後續服務工作全部丟給維修服務人員，由熱轉冷的速度之快，讓客戶心裡很不是滋味。其實，**轉介紹是這個行業裡，非常重要的新案子來源**，成交機率也比陌生拜訪的客戶高出許多。客戶關係經營虎頭蛇尾的業務員，流失了多少訂單而不自知。

人和人之間的互動也是同樣的道理，我們的生命中可能都遇過貴人，很多人見到大人物總是尊敬三分，甚至卑躬屈膝，好像要把所有的禮數一次做足。

但是這些初次見面的重要性，其實都被過度放大了。重點是，你拿到貴人的名片後，是擺在名片盒裡面當成觀賞用的收藏品，還是你有辦法長期、持續，去發展一段對雙方都有價值的關係。

實際上，人與人建立關係，並不需要充滿熱情的到處去拜訪、交換名片，通常是到了提供價值的階段，自己肚子裡仍空無一物，才只好卑躬屈膝。

換言之，與其不斷追求人脈的廣度和寬度，不如先提高自己在人際網絡中的亮度，

自然能建立強力的人脈。

三、情、理、法的三種層次，要因人而異

曾經有一家客戶的貨物，在運輸過程中損壞，對方很有可能向我們求償。這是我們長期經營、關係良好的大客戶。因此，業務員趕緊跑來和我討論對策，她把合約的賠償條款列印出來，明確標示責任歸屬，並且很有信心自己站得住腳。我告訴她，就算妳的口氣再怎麼溫和，表達方式再怎麼外柔內剛，這都會是一次失敗的溝通。

因為，當雙方已有良好的互信和情誼存在，**發生爭議時直接談「法」，絕對不是明智之舉**。我們應該先談「情」和「理」，聽聽客戶怎麼說，研究合情、合理的解決方案有哪些。**法的底線當然還是很重要，但是我們將它放在心裡就好**，不必急著搬上檯面。畢竟，這賠償的金額不是進到承辦人的口袋。如果可以用情和理解決，誰喜歡直接用法呢？

很多時候我們談情，客戶願意全力相挺、甚至吃一點虧，根本連理都不用搬出來，問題就解決了。所以情、理、法的三個層次，要有敏銳觀察力和正確判斷力，才能在人際關係中恰如其分的發揮作用。

幫你按讚的人不能算是你的人脈

史丹佛（Stanford）研究中心的報告表示：「一個人賺的錢，一二．五％來自『知識』，八七．五％來自『關係』。」對於這項結論，我有一部分認同，那就是關係真的很重要。但是，也有一部分不認同，那就是自己也要具備好的知識、好的價值，才有本事發展出好的關係。所以知識的重要性，遠比表面的統計數字大得多，我們千萬別被「非知識即關係」的二分法誤導了。

在這個社群當道的時代，

圖四　建立關鍵人脈的三個重點

一、特別小心那些著重表層關係的人

健康的關係是能互相穩定的提供價值，而不是如免洗餐具，用完就拋棄。

二、顧客關係管理的重頭戲，是在成交之後才開始

建立關係不需要充滿熱情的到處去拜訪、交換名片，是在於你是否能提供價值。

三、「情、理、法」的三種層次，要因人而異

若能夠建立穩定的關係，有時只要合情，根本無需談到理與法。

到處都在拚流量、衝人氣。但是一個人在公眾場合多受歡迎，有多少粉絲為他鼓掌和按讚，只代表了他個人的表面成功，我認為，這是比較膚淺的層次。

真正好的人際關係，是為別人帶來真實的價值，自己也感到自在和心安，這種有機人脈才能長久發展，也最具備營養價值。

B2B業務絕學

實際上，人與人建立關係，不需要充滿熱情的到處去拜訪、交換名片，通常是到了提供價值的階段，自己肚子裡仍空無一物，才只好卑躬屈膝。

7 不能光賣產品，得提供解決方案

B2B業務不只是推銷產品，而是提供顧客一系列的解決方案，只要回歸常識與人性，所有人都會搶著跟你合作。

難得可以休息的假日，我坐在旅館大廳的沙發上，刻意什麼也不做，讓自己放空、沉澱一下。

這是一家位於河北省，當地最好的五星級酒店，但因為這裡是開發中的工業區，所以從大廳望出去的風景，仍是一片空曠。即使從房間的落地窗看出去，也只有整齊一致的廠房，或還吊掛著鋼架、正在施工的工廠用地。

後來，我決定到酒店對面、僅有的幾家小店走一走。

排成一列的矮房有賣日用品和水果的商店，也有照相館和洗衣店，主要服務我所入住酒店的房客，以及附近少數幾間稍有規模的飯店。對當地居民來說，這些商品或服務屬於中高價位，本地人較少來消費。

其中最顯眼的，就是一家剛開幕不久的洋酒專賣店。店面雖小，但是招牌和店門口的設計，一看就知道目標客群是金字塔頂端的消費者。我很好奇，這家店是否真的有鎖定高消費顧客的方法，於是決定進去參觀，順便和店員聊一聊天。

年輕店員知道我從台灣來，又是從事管理諮詢行業，很熱情的倒了滿滿一杯高級紅酒給我。她說店內的紅酒主要賣給飯店，供顧客用餐時享用。但畢竟紅酒是高價位商品，幾乎沒有零售顧客到門市來。所以，她經常一整天玩上好幾個小時的手機，在門市內的小櫃檯坐到腰痠背痛，就是等不到人來。但談到如何提高門市的來客率，她和這家專賣店的老闆都沒有太多想法。

雖然是我的休息時間，但是聽到這種業務開發的問題，總會引發職業神經運作，不自覺的開始幫她診斷銷售通路，找出突破的方法。

「飯店確實是正確的通路選擇，在這個偏僻又成長中的工業區，你們的目標顧客，全都會到這些大飯店用餐或住宿。但只出現在用餐時間是不夠的，你們應該想辦法，刺激入住房客的消費。」我先給了初步的看法。

紅酒店員點了點頭，但是表情略帶疑惑：「您說得對，我們只把酒賣給那些用餐的顧客，沒有好好開發那些入住的房客。但是，難不成我要到每間房間去敲門、推銷紅酒嗎？」她帶著一點苦笑。

你該推銷的不是產品，而是絕佳體驗的方案

我很欣賞她討論這個議題的認真態度。畢竟，大部分兼職的人，多半是把分內的事做完，很少如此關心商業模式和銷售策略。但是，想要把一件事情做好，態度才是關鍵，而不是能力。喝著我手中順口的紅酒，一邊想著俗話說的無功不受祿，這讓我更想幫助她突破瓶頸。

「如果妳帶著推銷的心態，我保證妳永遠做不好這份工作。

「那些遠道而來的商務人士，除了辦公室、飯店和餐廳，什麼地方也沒得去。在下班或假日，其實有很多空閒時間，就像我現在一樣。若是可以到一間小酒莊嚐幾口紅酒，那真是愉快美好的一件事。沒錯，也就像我現在一樣。」她一邊笑著點點頭。

「所以妳應該先改變心態，不是要推銷紅酒給那些房客，而是要告訴他們，一個在空閒時間可以試喝紅酒的好地方。」

她的眼睛一亮，突然間信心也提高不少，接著對我說：「沒錯，這些住得起大酒店的顧客，肯定想來店裡試喝，一定會有很多人喜歡的。」她停頓的表情跟肢體語言在告訴我，趕快再說下去。

我接著說：「妳現在已經鎖定目標顧客，而且他們出現的地點也非常明確，那就是每間飯店的房間。所以，好處是妳不必浪費預算，去做效果不集中的廣告。同樣的道

理，千萬不要用打廣告的心態，去設計妳的文宣。妳是在提供一個絕佳的體驗，一個暫時忘掉工作、完全放鬆的經驗。」

這家店為了讓顧客可以坐下來慢慢品酒，還特別規畫了一個賞心悅目的空間，裡面有溫馨的小茶几和沙發椅，也就是我們兩個現在坐著談天的地方。

我假裝自己是攝影師，建議她一個拍攝宣傳照片的角度，鏡頭的特寫是一杯讓人試喝的小酒杯，裡面放了半杯的紅酒。在我比手畫腳的同時，我想我們兩個人腦海，都各自有個優雅的畫面。

「這個畫面只要搭配簡單的一句話，像是『本飯店邀請您，親自到小酒莊品嚐一口法國風情。』然後讓這張小卡片，出現在酒店的房間。在這種偏僻地區，絕對可以幫這些高價位的酒店，帶來加分作用。」

她從淺淺的微笑，轉變為點頭如搗蒜。我可以確定，她對自己商品的價值，已經有完全不一樣的認知。

顯然她的自信心提高了，又更積極的問我：「我只認識飯店的幾位管理人員，不清楚他們負責房務方面的主管是誰，也不確定他們願不願意跟我談。該怎麼克服才好？」

「記住我剛才的提醒：如果妳帶著推銷的心態，那麼妳永遠做不好推銷的工作。從商品定位、文宣設計，一直到通路開發都適用這個道理。」我說。

「換言之，妳不是在透過飯店推銷紅酒，而是藉由紅酒，去提升飯店的形象與服務水準。從這個角度來說，妳應該是在幫助那些飯店才對。不需要畏縮或猶豫，那是推銷員才會有的心態。

「把這些道理想通之後，妳會不會覺得，應該是那些飯店搶著和妳合作才對？怎麼還在擔心飯店經理願不願意洽談呢？」

我一邊喝著紅酒，一邊和她聊了將近一個小時。雖然過程她一直猛點頭，但是談到最後這個結論，她一開始的猶豫和疑惑，才全部消失。

我很高興一杯紅酒，幫我帶出這些靈感，也帶給紅酒店員一些啟發。銷售行為就是不斷回歸常識與人性，創造買賣雙方的雙贏。而外在行為，深受內在心態的影響。銷售人員如何認知自己提供的價值，會決定銷售活動的格調和成效。

B2B業務絕學

如果帶著推銷的心態，永遠做不好業務工作。當你提供的商品（服務）是成套的解決（行銷）方案，所有人都會搶著與你合作。

8 「做了」不等於做完，「做好」才算做完

如何善用整個團隊的資源，甚至製造商的力量，讓其他人與你一起完成工作，而非單打獨鬥，才是B2B業務最強大的執行力。

在二〇〇三年，《執行力》（*Execution: The Discipline of Getting Things Done*）這本書，由賴利·包熙迪（Larry Bossidy）和瑞姆·夏藍（Ram Charan）合力著作，在美國和台灣的商業書市場創下佳績，也把「執行力」變成熱門的管理詞彙。

過去幾年，我有機會透過不同角色，去體會和理解執行力的意涵，包括擔任第一線面對客戶的業務人員、業務主管，以及以銷售部門管理為主的諮詢顧問。從這些經驗中我體認到，執行力的精神就是把事情完成，關鍵在於我們得知道是哪些事，以及**做到什麼程度可以稱得上是完成**。

場景拉到業務部會議，許多業務人員對採購缺料、生產計畫變動、交期延誤提出抱

怨，特別是那些客戶的急單，業務人員都承受很大的壓力，指責製造部門的各種缺失。這種產銷不協調的狀況其實很常見，重點在於抱怨結束之後，業務知不知道自己該做什麼？根據我的經驗，有很多人是不清楚的。

「各位把生產問題反映出來是很正確的，業務單位就是要幫客戶督促公司。然而不要忘記，**業務人員也是負責解決問題的其中一個環節**。在出貨計畫這個議題上，我們的責任就是整合前端的客戶需求資訊，和生產單位做有品質的溝通。」

這個問題我已經在三周前要求業務主管，整合各業務人員的急單需求，將資訊彙總在緊急訂單一覽表上，我請業務主管將這份表格拿出來。看不到三分鐘，我的眉頭皺得越來越厲害，最後再把這份殘缺的資料，還給業務主管。

「為何有這麼多項目沒有填寫『理單狀況』？是不是代表業務人員，還有該做的事情未完成？」業務主管好像第一次看這份表單似的，指著那些空白的欄位開始點頭，找出是哪些業務員的資料不齊，口中一邊唸唸有詞的說：「你們沒有確實填寫嗎？」很顯然，他看到了別人（業務員）的缺失，但是沒有意識到管理者的責任是什麼，這種反應讓我的臉又更沉了下來。

「這些訂單資訊，我們都個別跟他們（生產單位）說過了，電話打了好幾通呢！」一位業務員似乎不太能理解，我為什麼會有這麼大的情緒反應，試著想要做出一些解釋。這種說法，正好是我用來說明執行力的最佳題材。當然，它絕對是負面的。

我詢問在座的十多位業務人員：「各位認為，我們各自**以電話口頭溝通**的訂單資訊，包括訂單號碼、產品款式、數量等，**負責安排生產計畫的人，都能一一記住嗎？**」

「依他們的做事品質來說，怎麼可能！」一位業務員不自覺的回答，帶著一點輕蔑的微笑。

「沒錯！所以才要建立緊急訂單一覽表。那麼現在眼前的這一份表格，業務人員有這麼多欄位沒有寫清楚，業務主管也沒有針對十多位業務員的訂單，**按優先順序整合**。請問，我們從前端交到後端的資訊，是有品質的嗎？而業務主管拿著這一份殘缺不全的資料，他真的可以做到有品質的跨部門協調嗎？」

我用這個發生在眼前的例子，去刺激業務主管和業務人員思考。事實上，這一件事也讓我重新反思什麼叫執行力。因為「把事情完成」這一句話太簡單了，以至於讓人忽略執行力的關鍵，就發生在這麼簡單的細節上。

換言之，會產生這樣的結果，即表示十多位業務人員當中，有人不認為管理表單是重要的事情，所以寧願花時間去多看幾封郵件、多打幾通電話，也沒有把表單的填寫視為執行力的一部分。

還有人對完成有自己的解讀，所以在他們眼中，一張有十個欄位的表格，只要填寫七成就算完成了。那些看起來不重要的欄位，大概是設計表格的人沒有思考清楚，自己也沒有提出疑問的必要。

至於業務主管，也只是找一位助理完成檔案匯集，並沒有深入理解表單上這些欄位的意義，以及可能遇到的狀況。同時對於表單要及時、正確、完整的產出，並沒有一肩把責任扛起。這就是B2B業務單位，沒有把工作流程上、中、下游了解清楚的結果，**當組織內每個人只看到自己負責的部分，對其他部門一知半解，一家企業就不會有完整的客戶服務流程**。

如果我們再看一次《執行力》這本暢銷書，兩位大師並沒有把書名弄錯，就是「把事做完」這樣簡單，不過，前提是你得正確的理解如何、做到什麼程度，並協調所有相關單位一起把事情做到位，才是真正具備執行力。

B2B業務絕學

懂得拆解與簡化，能讓你工作更有效率，但錯誤的拆解與簡化，只會讓你白忙一場。想提升執行力，重點是正確的理解如何、做到什麼程度，才是真正的把事做完。

9 服務要到位，該有的利潤也不能放

提供令客戶滿意的服務是業務的基本能力，
還同時能兼顧公司的利益，才是你的真本事！

我永遠記得那驚悚的一幕。

當計程車駛出印度的孟買國際機場，空氣中飄散著名副其實的「異國風味」，我帶著好奇的心情，準備來體驗這個國家。

坐在沒有音響和冷氣的計程車內，我從司機的儀表板、排檔桿，視線繞了一整圈回到自己的座椅。感覺像是小時候參觀博物館，坐進了那輛只准欣賞、不准觸碰的復古展示車。

車子在紅綠燈路口停下來時，我準備看一看窗外街道的景色。突然間，一位抱著孩子的婦女往車窗衝過來，把我嚇了一大跳。更讓我吃驚的是，她臉上還有看似血漬未乾的傷口，一臉無助的向我伸出雙手。

「入境」還不知道如何「隨俗」的我，故作鎮定的往司機的方向看過去。司機警告我，千萬不能搖下車窗。因為在這個區域只要給一個人錢，下一刻會有更多人湧上來。車子離開之後，少數拿到錢的人可能會被毆打，甚至有生命的危險。面對這種狀況，這位司機已經習以為常，但是我還處於驚魂未定的狀態。

這時候，十字路口的燈號由紅轉綠，這名婦人眼看我們的車子即將起步，她的表情瞬間變得冷漠，頭也不回的離去。在這短短幾分鐘內發生的情境反差之大，令我印象深刻。

這樣的反差，還發生在社會的貧富差距。當我在六星級的洲際酒店登記入住時，大廳的金碧輝煌讓人倍感尊榮。但從房間的窗戶望出去，可以清楚看見住在河岸旁邊、另一個世界的人群。他們唯一的遮蔽物是灰色的帆布，所有的財產是揹在身上的布袋和鍋子。這金字塔頂端和底層的兩個世界，只隔了一條河的距離。

這是印度，從市場資料來看，它有十二億人口，以及全世界第七大的土地面積，絕對充滿潛力。但是基礎建設的落後，也充滿艱鉅的挑戰。

在印度出差一個星期的時間內，我和將近十家可能合作的印度公司碰面。而每一場會議在寒暄之後，都很快進入同一個話題：「你有一個能在印度市場『存活』的價格嗎？」

在印度能夠立足都是精明的商人，好處是不必浪費太多時間，說交際應酬的客套話。印度人當然知道品質、價值的重要，但是在這裡的現實市場，價格競爭力不成立，你連跟顧客討論品質、價值的機會都沒有。

聚焦「價值」而非「價格」，一向是頂尖業務員的天職。回想我的印度市場經驗，不是要鼓勵業務人員研究追逐低價的方法。我認為它最重要的啟發，是讓我重新檢視，自己面對市場與商業模式是否務實。

在鼓勵創新的今天，有許多小型、微型企業的創業家，大型集團也必須積極尋找新的領域以分散風險。但是有兩個因素，很容易讓我們脫離務實的思維，分別發生在生產端和銷售端。

在生產端，全球製造業的技術不斷進步，產品硬體品質的差距不斷縮小，產業進入門檻降低了。**給經營者的錯覺是，只要了解生產製造流程，或是和代工業者建立關係，就有進入市場的條件**。事實上，這些條件可能和陽光和空氣一樣，所有業者都可以輕易取得。

在銷售端，網路頻寬的提升、交通運輸的進步，讓市場疆界消失，幾乎各行各業的市場規模都變大了。好比建了一個網站的企業，可以自我催眠，它已經開啟一個全天候對外宣傳、二十四小時接受下單、通往全球市場的平台。如同我們用人口、面積這些表面數據去看印度市場一樣，充滿無限潛力。

實際上，在數位時代開發客戶的難度，絕對比在電腦螢幕前的想像大得多。

實踐「雙D」法，在激烈的價格戰中勝出

從上述生產和銷售這兩個看似美好的陷阱，讓只做表層理解、淺層思考的經營者、業務員，都可以取得加入賽局的門票。但若過度樂觀的認為，業務的專業需求不高，任何人都能做得來，那麼，終究會在現實市場中敗陣下來。

因此，為了在競爭激烈的價格與價值戰脫穎而出，我認為商業模式必須回歸務實面，我把這套方法歸納為「雙D」：差異化（Differentiation）和需求（Demand）。

第一步是：**以差異化去檢視每一個營運環節**。即使是一個追求低成本的策略，也是從原物料選擇、生產加工流程、物流運籌方式去尋找差異化的突破點，看看自己能做出什麼和競爭者不一樣的事。若是差異化產生的利基不大，或是創造差異化的門檻不高，通常也難成功。

第二步是：**思考差異化的結果，是否和客戶的真正需求有關**？在智慧型手機開始流行前，傳統手機差異化的策略不勝枚舉。從多樣顏色和造型的外殼，一直到琳琅滿目的內建功能，**各種廠牌很成功的創造出差異，但是它們通常是為了和競爭對手區隔**，而做出的設計。

所以，傳統手機創造許多短暫的潮流，但是產品生命周期都很短，因為那不是從使用者角度出發的點子。因此，所有思維都必須回到商業活動的原點：需求。

有一次我在台灣的傳統夜市看到一個攤販，他販賣的魚缸結合了一個小盆栽的設計，路過的人都被吸引停下腳步觀看，很顯然這又是一個差異化很成功的例子。但是當圍觀民眾問起盆栽的排水、魚缸的照明等問題時，他卻給不出好答案，於是這一個吸睛的產品，便很難滿足人們真正的需求，看熱鬧的比掏錢包的多也不令人意外了。

換言之，惟有經過差異化與需求的檢驗，才稱得上是一個健康的商業模式。若是做不到呢？當然還是可以參與競爭的賽局。而且，如同股神巴菲特（Warren Buffett）所言：「在海浪退潮之前，看不出誰在裸泳。」

我認為，當業務能兼顧差異化及需求時，就能為客戶創造價值，同時也能為公司創造可觀的收益，而這即為一流業務的真正價值所在。

B2B業務絕學

一流業務從整個銷售結構尋求差異化，並在最後回頭檢視是否符合顧客的需求，就能避免陷入價格戰爭，更能為客戶、公司，以及自己創造獲利。

10 別做產品專家，要當問題顧問

可以整合資源、做出綜合判斷的業務員，才能贏得客戶的心，說的白話一點，就是你的產品是什麼型號、樣式、規格沒那麼重要，重要的是你能幫顧客解決什麼問題。

網際網路把現今的市場，變成名副其實資訊爆炸的環境。換言之，業務員若是無法從資訊提供者，轉變、升級成為資源整合者，勢必無法彰顯業務工作的價值，終將被市場所淘汰。

從另一個角度來說，可以整合資源、做出綜合判斷的業務員，才有能力解決顧客的問題，而不是淪為背誦產品規格的專家，也就是從產品導向進階成為「問題導向」。說的白話一點，就是我們的產品是什麼型號、樣式、規格沒那麼重要，**重要的是我們要幫顧客解決什麼問題**。

幾年前，我到3C賣場打算增購一台小筆電。我對個人電腦的了解非常一般，平時也不會花太多時間去研究產品資訊，純粹被小筆電輕巧、方便的特點吸引。所以，出門前我大致瀏覽過各廠牌小筆電的規格，好讓自己在賣場不會顯得太外行。

在競爭激烈的3C賣場，果然是臥虎藏龍之地，我遇到的第一位年輕店員，了解我正尋找小筆電產品後，在不看任何書面資料的情況下，熟練的背出各廠牌的主要規格差異和折扣價格，我確定他是一位下過功夫的產品專家。

但我打算找另一家店略做比較後再下決定，這位年輕店員似乎習以為常，他帶著自信告訴我：「歡迎再比較看看，你會知道我們是最划算的。」

到了第二家店，我遇到一位年齡較長的銷售人員，他的溝通方式創造出完全不同的銷售對話，當然也帶來完全不同的結果。

在我表明要找小筆電產品後，他問了我一連串關於：「你為什麼要買小筆電？」的問題，從我預計使用的場合、時間，一直聊到個人使用習慣和偏好，我們的對話情境圍繞在我工作、生活的每一個細節，最後，他卻給我一個出乎意料之外的結論：「先生，你不可以買小筆電！」

好極了，這是我第一次帶著新台幣站在業務員面前，聽到這麼另類的建議。當然，他並不是要結束這次交易，而是又花更多時間耐心的向我解釋，依照我的使用習慣，若是選擇小筆電，一定會在短時間內後悔。接著，他推薦一台價格超過小筆電兩倍的筆記型電腦，同時再不厭其煩的說明它的規格，對我實際使用上有何幫助。

那個下午，我很幸運一次遇到兩位專家，差別在於第一位是「產品專家」，第二位是「問題專家」。產品專家不斷協助和提醒我，聚焦在規格和價格，所以我心裡想的是：「不要漏掉其他眾多店家，應該好好的比較一番。」但是，在問題專家面前，我比較像是接受診斷的人。這些深入我實際需求的問診過程，網路上各種「比價王」，或是能將規格、價格倒背如流的產品專家都無法做到。所以，我並沒有拿著他建議的機型，再去求助第三家店。因為他的建議比較像是醫生開的「處方箋」，我可從來不會和醫生的專業意見討價還價。

我在機械產業銷售空氣壓縮機時，也遇過許多類似的狀況，客戶希望我們提供「氣冷式」機種的報價單，我和工程師看過客戶的工廠配置、使用環境之後，很可能建議完全不同的「水冷式」機種。只要你能提供專業、合理的判斷依據，通常客戶會非常感謝你提供不同的意見。

由此可知，業務人員在展開銷售對話前，最好先問問自己打算當「產品專家」，還是當「問題專家」。

B2B業務絕學

成為將規格、價格倒背如流的產品專家，或許能讓客戶覺得你很專業，但當你能提供客戶完整的解決方案，才能讓客戶非你不可。

失。我知道他怕的不是我對內開砲，而是客戶端負責此案的專案經理，是業界出名的壞脾氣，連同部門員工都敬而遠之，更不要說是捅出婁子的供應商了。

我撥了幾通電話到大陸工廠、快遞業者了解原因，確定這個災難源自一位快遞員的疏忽，把急件當作普通件處理。就是這樣一個再簡單不過的理由，簡單到要正式說明，都讓人感到尷尬。

身為專案負責人，我了解此時團隊成員的恐懼。但是我知道在那個時刻，**我還有更重要的情緒必須處理，那就是客戶的憤怒**。至於賠償問題，我想就秉持**「先處理心情、再處理事情」**的原則，靜觀其變。

在緊急召開的內部會議，大家提出了不同的危機處理行動方案。有人提議立即調閱我們和快遞業者之間的合約，以便將賠償轉嫁給真正犯錯的人。有人建議研究更高層的人脈關係，找出客戶組織中更有影響力的人，將大事化小。

就在一陣兵荒馬亂中，我試著維持思緒的理性，不斷問自己：「此時此刻，客戶最需要的是什麼？」

毫無疑問的，客戶最需要的是那六千個樣品，但那也是我當時唯一無法提供的東西。除此之外，還有沒有什麼是客戶需要、我可以提供的？

我回歸到最基本的人性思考，也做了一個令大家意外的決定。

「客戶現在需要的，是宣洩憤怒的出口。所以我們必須做的，就是出現在客戶面前，越快越好。」

當我說出這樣的話，大概有同事認為我已經亂了陣腳、語無倫次。為什麼在這種時刻，要花一個小時車程直奔「虎口」？特別是客戶已經威脅賠償的可能，竟然還有自投羅網的供應商？

我有個老毛病，一旦早上沒進食就容易血糖過低，因此抵達客戶公司時，嘴唇還些微發白。再加上從停車場直奔會議室的路上，西裝襯衫和臉頰已經滿是汗水。這樣狼狽的我，見到客戶的第一句話是：「很抱歉，我們犯了一個愚蠢又不值得辯解的錯誤。」只見客戶端負責這個專案的經理，臉上的表情從憤怒，轉為滿臉疑惑的問我：「那你來拜訪的目的是什麼？」

我回答：「我純粹想當面向您道歉。」

接下來的五秒鐘沉默，我猜我的表情就寫著：**「這是我現在唯一能做的」**。至於那位經理，大概沒有遇過有人這樣處理客訴：一個不找藉口、「主動投案」的廠商。

他收起氣憤的情緒，請助理倒了一杯溫水給我。我們兩位專案負責人，就在會議室裡，針對接下來的補救措施，做了將近半小時的理性討論。另外，也聊了各自肩負專案成敗的壓力與甘苦。

離開會議室前，我再一次表達歉意，而他回應我的善意是：「大家都在為工作拚命，這次就不提賠償的事了。」

事隔多年，回想這一次客訴，坦白說我仍不確定，當天是不是做了最適當的決策和行動。若是客戶換成另一種性格或心情，誰也不知道是如何收場。

但是，我很確定有一件事不會錯，也值得業務團隊將之內化成信念和行動準則。那就是不論在銷售活動的任何階段，或是發生危機的時刻，永遠要先拋開自己的情緒，一次又一次的問自己：「客戶要的是什麼？」

B2B業務絕學

不論在銷售的任何階段，或是發生危機的時刻，永遠要先拋開自己的情緒，一次又一次的問自己：「客戶要的是什麼？」

2 陌生開發，如何不吃閉門羹？

因為銷售流程長，B2B業務要見到關鍵人物的關卡也特別多，但要說服的對象，其實只有一個。

某次我到一家工業產品的製造廠，為業務部門的同仁進行教育訓練。一位業務員談起開發陌生客戶的經驗，以及遭遇到的各種阻礙和壓力。

他負責銷售的金屬製品，大部分應用在中小型加工廠的製程，故主要客戶以工業區的中小企業居多。在單一客戶營收貢獻有限的情況下，他的業績仰賴為數眾多、較為分散的客戶。和那些有穩定大客戶支撐的產業比起來，他面臨陌生開發的壓力也較沉重。

「從工廠門口的警衛、櫃檯的行政人員，一直到握有決策權的採購經理，或工廠負責人，每次開發一家新客戶，我都要穿越這麼多關卡！這實在是一件苦差事。」他在休息時間向我大吐苦水。

「所以你覺得自己選錯產業了嗎？」我半開玩笑的問他。

「是啊，我真的這麼想。如果是在一般消費產業（B2C），像是汽車、保險或是門市的銷售人員，他們開發客戶時會直接與使用者、決策者接觸。但是在我的行業，同一家公司有層層關卡要突破，我覺得壓力大上好幾倍。」

聽完他的說法，我認為他目前真正的瓶頸不在於技巧，而是心態。於是我試著將討論的方向，引導到業務人員該有的心態。

我接著問：「除了客戶端要對應的窗口眾多，你認為B2B和B2C的銷售行為，還有什麼差異之處嗎？」

他搖搖頭表示：「坦白說，我感覺就是賣的產品不同而已。」

我告訴他：「銷售工業產品有一項特性，就是**業務員接觸的對象，通常都不是最終掏錢埋單的人**。例如金屬製品的交易，不會是由警衛、行政人員或是採購經理來支付，對嗎？」

他點點頭，表情多了點專注和好奇。

我接著解釋：「所以，縱使你要拜訪的陌生對象這麼多，但是你們之間都沒有推銷商品的直接壓力。你也沒有打算從這些對象當中，賺取任何一塊錢，是嗎？」

「那當然囉。」他笑了笑。

「因此，在這些陌生對象當中，你應該重新定義自己和他們的關係。你從來就沒有打算、也沒有必要向他們推銷任何東西，你只是希望藉由他們的協助，讓你有機會和『對的人』開啟對話。而那個對的人，可能正坐在辦公室或工廠的某個位置。」

「有道理。這樣說來，真的不算是『推銷』。」他說。

「只要你先建立正確的心態，當你再重新思考拜訪這些陌生客戶的過程，就比較容易找到適當的方法，自己的壓力也會小得多。舉例來說，拒人於門外並不是警衛人員的唯一工作，他們也希望盡責的引導和協助前來開會的廠商。所以，如果你在拜訪前多打幾通電話，和客戶公司裡的任何一位員工建立起關聯性，你也可以成為警衛願意主動引見的人，而不是總被擋在門外的推銷員。」

我接著補充：「又或者，你對自己產品在某個產業的應用，可以發揮什麼價值、帶來哪些效益，事前做足研究也有很清楚的認知，那麼你**在接觸陌生客戶時**，**心中應該有一個很明確的主軸**，**包括想要見的人**、**想要談的事和物**等。就我的經驗來說，專業導向的業務員和一般拿著公司簡介、說著同一套話術去挨家挨戶碰釘子的推銷員，兩者是完全不一樣的。」

藉由這個案例，我得到一個結論：技巧偏向於表面層次，像是銷售話術、聲音語調等。但如果缺乏正確的心態，再多的技巧也是隔靴搔癢。從另一方面來說，心態是從事業務、非業務工作都非常重要的基礎。正確的心態到位了，技巧很快就能夠學習上手。

B2B業務絕學

拒人於門外並不是警衛人員的唯一工作，他們也希望盡責的引導和協助前來開會的廠商。所以，如果你在拜訪前多打幾通電話，和客戶公司裡的任何一位員工建立起關聯性，你也可以成為警衛願意主動引見的人，而不是總被擋在門外的推銷員。

3 客戶不要複雜，一頁簡報就得打動他

比起洋洋灑灑好幾頁的產品說明、公司優勢，客戶真正想知道的資訊，其實只用一頁簡報就能說完。

當會議室的電燈關上、簡報內容投射到布幕的時候，全場靜默。負責簡報的人深呼吸一口氣。大家跟著調整座位、坐姿，確保自己能夠聚精會神的聆聽。

會有這麼謹慎的開場，除了因為這是我們公司一位極重要的日本客戶，也是我們年度最重要的提案之一。從訂單金額、服務項目的指標性，以及爭取到這家客戶，隨之帶來的企業形象加分，都促使我們事前上緊發條、全力以赴的準備這場簡報。

幾次專案會議的過程，各部門把內容素材先發散蒐集、再收縮整合，多次討論修正之後完成報告的主體。然後幾位主管對「結論」的看法不同，有一番爭論。

由於客戶是一家在日本上市的跨國集團，最新的年報詳載各事業部的營運資訊。我

們打算在結論的部分，引用客戶公開宣示的某些策略性目標（營收成長率、新產品占營收比例），作為提案的結論：**協助客戶達成這些目標**。

我們內部有些主管認為，這樣的結論不夠聳動、太過平淡，結論只用「一頁」的篇幅也太過單薄；還有人認為這樣的資訊，對客戶而言是基本常識、不值得一提。就在一番激辯以及業務單位的堅持後，結論總算維持原本一頁的內容。

場景回到會議室，我們的簡報進行得平穩又流暢，然後到了大家屏氣凝神的結論。當投影片上，出現**客戶公司的具體目標數字**，來自日本的事業部總經理身體前傾、專注的看著布幕。接著他和旁邊的台灣主管交頭接耳，低聲的討論了一陣子。

毫無疑問，每個人都對他們的交談非常好奇。會議結束後，我迫不及待將客戶的台灣主管拉到旁邊，詢問這一段近三分鐘的對話內容，到底說了什麼。

然而，他們兩人私下討論的問題，簡單到讓人意外：「這一家供應商怎麼會有這麼具體的數字？」我以為他是基於交情和我開玩笑，很認真的再問他一次，還特別強調，這是年報裡面查詢得到的資料。

他既認真也很坦白的跟我說，他們的集團有超過十個事業部，每個事業部又涉入數個不同的產業、營運項目。他每天被繁雜的工作淹沒，對於採購部門目標他很清楚，但是真的沒辦法花時間，研究公司年報寫了什麼。

至於這位日本的事業部總經理，今年才從不同部門輪調過來，進入狀況的程度恐怕也不及他。

接著，他說這一頁**回歸基本面**的資訊，絕對起了加分作用。因為聽了這麼多供應商的簡報，大家都擅長行銷自己的長處，但是脫離基本需求的提案，卻比比皆是。我們所呈現的公司目標，甚至提醒他們原本沒有注意到的重點。

原來，對一家上市公司提案之前，仔細研究過公開資訊（年報）的人這麼少。

讓顧客看到價值

在提案和銷售的過程，我們經常為了呈現最好的一面，反而讓自己陷入迷航。有時我們太在乎競爭對手，競相追逐最新、最多樣的產品和服務。但是這一場競逐遊戲，早已遠離客戶真正的需求。

又或者官僚文化、本位主義，讓越龐大的組織顯得越盲目和遲鈍，失去了回歸基本的思考能力。提案準備過程，還得先穿越層層的個人利益、部門利益，然後才考慮到客戶的利益。有太多人已遺忘，到底公司是為了客戶而存在，還是客戶為公司而存在？

這讓我想起台灣早年流行過葡式蛋撻（或稱蛋塔），之後便開啟了好幾年飲食市場商品化、一頭熱的文化。曾經，去巷口買一顆剛出爐的蛋撻，是多麼美好的經驗。當蛋撻店越來越多後，各家競爭的重點不再只是蛋撻的品質。有些店家在口味上不斷推陳出新，很顯然是老闆一廂情願的認為，顧客想要新口味；有些人搭配琳瑯滿目的點心做銷售，馬步還沒站穩，已經開始多角化。

但是身為消費者的我，只是單純的想要以合理價格，買到一顆味道熟悉的蛋撻。結果蛋撻風潮來得驚人，消失得也很快。不曉得這些曾經參與流行的蛋撻業者，有多少人真正思考過顧客要的是什麼？顧客要的東西，可能遠比他們所想的簡單。

從一顆記憶中的蛋撻，到濃縮成一頁的簡報結論，都有個共同點：**顧客總是需要清楚、純粹的價值**。

而那個價值可能會簡單到，讓習慣自我想像的供應商陷入迷航，而不自知。因此，B2B業務人員要提升自己的簡報力，比起簡報流程與技術，最重要的還是回歸到客戶公司的需求，並且重複釐清一場簡報的目的是什麼。我建議，多蒐集並消化產業資料，多詢問客戶及公司內資深同事的意見，都是讓自己更聚焦的好辦法。

B2B業務絕學

顧客總是需要清楚、純粹的價值，而那個價值可能會簡單到，讓習慣自我想像的供應商，陷入迷航而不自知。

4 產品優點，用事實、由別人的嘴巴說

取得顧客的信任，是業務工作中非常重要的一環，對B2B業務而言，個人印象又比公司品牌更重要。

當我們走進量販店或超級市場，食、衣、住、行、育、樂的每一項商品，幾乎都可以找到眾多的品牌和品項。選擇之多，早已經超出消費者的期望和實際需求。

因此，無論走到哪裡，市場都呈現出供過於求的現象，這也反映出廠房和生產設備，不再是供應商的競爭優勢，有時，反而成為一種負擔。而產品更不再是商業模式的主角，真正可以累積且難以被取代的，其實是品牌的價值。

從感性層面來說，品牌的價值來自情感。我個人的經驗為例，「綠油精」第一次出現在我兒時記憶，是吃壞肚子哇哇大叫的時候，阿嬤用來哄我、照顧我的神奇法寶。一直到現在看到它的綠色商標，就會想起阿嬤慈祥的臉和溫暖的手。

從理性層面來說，品牌的價值來自信任。我們知道同一個商標，代表的是一致的品質。因此，在做消費選擇的時間與空間都有限的情況下，品牌就發揮了它的影響力。選擇熟悉的品牌，我們不必費心猜疑，或擔心會遇到讓人笑不出來的意外驚喜。

個人品牌更加適用這個道理。現代人在實體世界面對面的時間少了，在虛擬網路世界接觸的人群、建立的人脈，卻是多出以往好幾倍。如果你在臉書（Facebook）有數百、數千個朋友，但是對你的認同、信任程度都不高，基本上那只能算是一堆名單，而不是你的人脈。也就是說，唯有建立在信任關係上，名單才會變成有價值的人脈。

但要如何建立信任關係？長期而言需要信守承諾、表裡如一的言行，也就是用時間證明一切。然而，在短期的銷售情境，或是**只有短暫一面之緣的對話中，能夠加強信任、提高說服力的表達方式**，就變得十分重要。

你的銷售模式，能提供客戶有力道的事實或數據嗎？

首先，**一個具有力道的事實或數據**，勝過十句老王賣瓜的語言。

例如：「我們的品質絕對可以讓你放心。」

這樣的表達方式，如果能加上有公信力的數據，說服力會大不相同：

「我們的品質在第三方單位以〇〇方法驗證下，過去三年連續蟬聯業界第一。」

其次，主動揭露自身的不足或限制，可以使想要強調的優點更加突出，並增加可信度。例如：「我不敢保證這台吸塵器，有辦法清除地毯所有的灰塵。但不管是沙粒或油汙這些難處理的狀況，使用過的顧客都感到非常滿意。」

很多時候，刻意鋪陳那些做不到的事，更容易贏得顧客的信賴。因為沒有人是完美的，大家都明白這個道理。

最後一項關鍵是：**不要用自己的嘴巴說**。就是要透過第三者的嘴巴表達，更容易建立公信力。他可能是聽者的同事、朋友，曾經表達過和我們一樣的論點，就成了最佳的代言人。或是利用問句，引導對方說出我們想要強調的賣點。同樣的結論，由不同人的口中說出，影響力也大不相同。

例如，你可以說：「這間房子的玄關空間很大，放得下大型鞋櫃跟傘架，提升空間利用的實用性。」這是老王賣瓜的「自述句」，風險是顧客不一定打算放鞋櫃或傘架，而且顧客也不一定把實用性，放在買房的第一考量。

同樣要談論玄關，可以改成問句：「這間房子的玄關空間很大，對您來說會有什麼效益呢？」當我們習慣把自述句改成問句，對話就從單向變化為雙向，對銷售有絕對的助益。

此外，「不要用我們的嘴巴說」還有另一層意涵，那就是「**用我們的行為來說**」。上述的表達方式，若是成功建立聽者對你的信任，別忘了這只是短期和淺層的技巧。用

圖五　在第一時間建立信任的四個重點

	範	例
一個具有力道的事實或數據。	○	我們的品質**在第三方單位以○○方法**驗證下，過去三年連續蟬聯業界第一。
	×	我們的品質，絕對可以讓你放心！
主動揭露自身的不足或限制。	○	我不敢保證這台吸塵器能清除地毯所有灰塵。但不管是清除沙粒或油汙等，這些難處理的狀況，使用過的顧客都非常滿意。
	×	這台吸塵器遇到任何髒東西，都能清除乾淨！
不要用自己的嘴巴說。	○	這間房子的玄關空間很大，對您來說會有什麼效益呢？
	×	這間房子的玄關空間很大，放得下大型鞋櫃跟傘架，帶來空間利用的實用性。
用「行為」證明。	○	在整個交易中，能主動與客戶聯繫、一有狀況立刻反映，並親自與客戶見面了解實際狀況。
	×	強調自己能提供最好的服務、最快回應客戶。

誠懇和可靠的長期表現（行為），證明你值得擁有這樣的信任。

好比說，你強調自己的服務品質好、回應速度快，這些優點恐怕不是靠口語表達技巧，就能讓人信服。聰明的客戶知道，這得靠時間才能驗證，而他們會觀察業務員的言行舉止來評價，因此Ｂ２Ｂ業務人員的言行一致就更為重要。

B2B業務絕學

唯有建立在信任關係上，名單才會變成有價值的人脈。

5 聽出來的銷售力

在行銷大師科特勒（Philip Kotler）的定義裡，行銷是一種推力，目的是把要行銷的主體推向顧客。然而，在B2B的世界裡，更傾向於聽懂客戶需求，才能對症下藥，幫客戶解決問題。

行銷有許多不同定義，有一種說法是呈現最好的一面，給我們的目標顧客或聽眾，將產品、想法銷售給別人。的確，良好的表達能力、包裝修飾技巧都很重要，可以為我們加分。在行銷大師科特勒（Philip Kotler）的定義裡，這是一種推力，把要行銷的主體推向顧客。

然而，在行銷媒體越來越普及的今日，這種推力長時間充斥在生活周遭，消費者對於行銷訊息的耐性降低，推力可以促成的效果也逐漸下降，特別是那些一成不變的廣告。此時，讓顧客發出更深層次的共鳴，基於對理念、品牌的認同主動購買我們的產品，就是另一股更加重要的「拉力」。

對照到業務行為，我認為「推力」就像是一個人表達陳述的技巧，這是成為合格業務人員的基本條件。至於拉力的關鍵，在於擁有好的聆聽技巧。

這讓我想到我有一位擔任婚禮主持人的朋友。有一次她到百貨公司買鞋子，女店員一聽到她的專業是主持婚禮，馬上大吐苦水，說自己當年因為沒有好的主持人，婚禮流程是如何的混亂。而我的朋友在挑選鞋子的過程，也樂得當一位聽眾。只是當她發現店員對不斷抱怨婚禮經驗，遠比回答鞋子的問題有興趣後，就決定把焦點放在討論婚禮上，然後兩人對話的結論是：婚禮主持人真的很重要。

結果，店內逛了幾圈沒有看見適合的款式，鞋子是沒有成交，倒是店員把我的朋友介紹給旁邊的年輕同事，事後促成了幾個婚禮企畫案。這就是很典型的銷售場景，說得多不如懂得聽。聆聽的威力，常常遠超出我們的想像。

現在，雖然網際網路和社群媒體的興盛，讓這世界多了許多發表意見的管道。然而，與人面對面溝通的技巧反而逐漸被忽視，特別是「聆聽」的能力。

因為，好的聆聽者懂得收集和過濾資訊，成為進一步和對方溝通的依據。而聆聽還有一項重要的作用，就是讓說話的人感覺自己受到了解、受到尊重。

舉個例子，有一次我的孩子在飯桌上，和他的堂哥坐在一起，玩鬧時不小心被推了一下，他很生氣的推回去，把放在桌邊的碗打破了。事情的來龍去脈我在一旁看得很清楚，我知道他受委屈，但是也做了該被糾正的事。

若是沒有正視孩子「被聆聽」的需求，大可直接下達「去罰站」的指令。但看著破碎的碗，我問了一個我已經知道答案的問題：「為什麼會這樣？」然後，做一個有耐心的聆聽者。等他抒發完「被推一把」的委屈後，我才告訴他：「堂哥這樣子不對，但是你也不該還手，而且，還把爸爸一再提醒要注意的碗打破了，所以你要罰站。」

我的孩子雖然嘟著嘴，但因為負責當裁判的爸爸，先聽完他說明前因後果，於是他也乖乖的接受處罰。

比起能言，善於聆聽才是成交關鍵

與客戶互動時，這個方法一樣有效。有時候，聆聽是為了蒐集我們不清楚的資訊，有時候聆聽就像和孩子互動一樣，是為了讓對方感覺受到，自己的想法獲得理解，進而接受理性溝通。

面對客戶的拒絕、抱怨這些負面反應，也適用這個道理。好的聆聽能力，可以挖掘需求、化解危機、舒緩緊張的關係。聆聽，本質上就是在滿足客戶抒發情緒、獲得了解和認同的需求。有好的聆聽能力，才能創造好的溝通品質。

B2B產業的採購人員，通常面對許多供應商的業務員，辯才無礙的人不難找，但是卻不是所有業務員都善於聆聽。我自己就曾經體會過，懂得「聽」別人說的業務，有多麼重要。

多年前我在電子業時，曾經和另外三家供應商同時爭取一個案子，期間進行了好幾次簡報。拿下這個案子之後，客戶才打開心防告訴我：「其實你不是所有廠商裡面最會『說』的，但是我們認為你是最願意聽的一位，這才是我們未來共事最重要的關鍵。」

我認為真正的溝通，不是言語上的說服，而是共同價值觀的建立。這就好比廠商寄再多的促銷傳單給你（推力），還不如一則感動人心、引起共鳴的品牌故事（拉力）。

B2B業務絕學

真正的溝通，我認為不是言語上的說服，而是共同價值觀的建立。這就好比廠商寄再多的促銷傳單給你（推力），還不如一則感動人心、引起共鳴的品牌故事（拉力）。

6 交出發言權，留住主導權——問問題

聰明的業務人員從「效益與證據」出發，一起進入顧客的生活情境、產生共鳴後，才將對話引導到「特色與優點」。

如果要我舉出B2B業務人員最常出現的盲點，我會說「本位主義」，絕對在排行榜上名列前茅。而且，它不僅發生在資淺的業務菜鳥身上，就連身經百戰的業務老鳥，也有可能犯了相同的毛病。

在一次銷售訓練的場合，我把FABE銷售法做了較完整的介紹。雖然，這套源自美國的銷售方法論，已經在西方世界被廣泛運用很長一段時間，但是在亞洲，仍然有許多業務人員對這個名詞感到陌生。FABE銷售法將產品的銷售展示資訊區，分為特色（Feature）、優勢（Advantage）、效益（Benefit）、證據（Evidence）四大類別，再從中發展出具有連貫性、延展性的架構，協助業務人員清楚的思考和表達。

業務專業百科

• FABE銷售法

是由美國奧克拉荷馬大學企業管理博士、臺灣中興大學商學院院長郭昆謨總結出來的。FABE銷售法是非常典型的利益推銷法，在實際運用時，可針對不同顧客的購買動機，把最符合顧客要求的商品利益，向顧客推介。為此，最精確有效的辦法，是利用特點（F）、功能（A）、好處（B）和證據（E）。其標準句式是：「因為（特點），從而有（功能），對你而言（好處），你看（證據）」。

解說完基礎概念後，我邀請一位負責銷售液晶電視的業務代表 Michael 上台，看他如何在銷售情境中使用FABE。突然被點名分享，卻一點也沒有怯場或猶豫，顯然他的心理素質和表達技巧都很成熟。

傳統液晶電視的面板較軟，容易在表面產生刮痕。Michael 抓住了「刮痕」這個顧客經常遇到的痛處，要將問題轉換成需求，這是成功的第一步。

接著，面對角色扮演情境中的顧客（一位家庭主婦），他花了將近五分鐘的時間，把傳統VA面板和IPS硬式面板之間的差異，做了很詳細的比較說明。因為IPS面板採用液晶分子平面轉換結構的不同，還會有信號轉換速度更快、色彩還原更準確這些優點。

在手上沒有書面資料的情況下，為第一次碰面的顧客，做如此詳盡的特色與優點解說，台下同單位的同事無不拍手叫好，Michael 也露出得意的笑容。但是，這樣的陳述方式有什麼問題存在嗎？

當我們用產品的「特色與優點」作為開場白，最容易落入本位主義的盲點。對於每隔五年才買一台液晶電視的消費者來說，VA面板和IPS面板這些名詞，可能離他們很遙遠。當然，大部分消費者的表面反應是頻頻點頭，但內心可能對專有名詞的理解是非常有限的。我一再提醒自己也告訴我的團隊，別期望客戶會把所有內心感受表現出來，特別是當他們站在初次見面的銷售人員面前。

所以，**當我們的產品展示從特色與優點出發，在進入到效益與證據之前，可能已經把顧客有限的耐心與注意力**，消耗殆盡了。

你得從「效益及證據」出發，再引導出「特色和優點」

很幸運的，有另一位自告奮勇的學員上台，示範了更貼近人心的展示方法。他用聰明的問題開場，而這個問題的畫面，正是顧客日常生活中會遇到的問題。

「這位太太，請問你家裡有小孩嗎？」

聽起來很有趣，賣液晶電視和家裡有沒有小孩子有什麼關聯？然後順著他後續的提問，所有人都很快理解並會心一笑。

「你的小孩很頑皮嗎？會破壞客廳裡的東西嗎？」

「家裡的電視螢幕是不是很多刮痕？」

接下來的對話很自然的進入正確方向，大家都頻頻點頭，包括那位對產品不是那麼內行的消費者。

前後兩種銷售陳述最大的差異，就發生在F、A、B、E出現的順序。聰明的業務人員從「效益與證據」出發，一起進入到顧客的生活情境、產生共鳴之後，才將對話引導到「特色與優點」。至於那些，對產品與自己的業績充滿熱情的業務員，經常是顛倒過來的。

業務人員到底是比較關心自己（本位主義），或是比較關心顧客（利他），在時間短暫的溝通過程中，也可以被辨識出來。

還有一個顯著的差別，那就是**擅於溝通的業務人員，透過好的問題掌握對話方向的「主導權」，聚焦在正確的議題，同時又把大部分的「發言權」留給顧客**；至於那些喜歡掌握發言權、滔滔不絕的業務員，經常讓顧客暈頭轉向、失去耐性，總是無法控制對話的主導權，創造好的溝通效果。

在B2B產業情境，客戶組織內的政治因素更為複雜，如何交出發言權、留住主導權，更是一門大學問。我曾經看過不斷和客戶「搶」發言權的業務員，乍看之下，他是會議室裡專業知識最豐富的人，但是殊不知客戶的直屬上司也在場，這正是客戶最需要表現的時刻。

一旦，一個滔滔不絕的業務員，把所有發言權都奪走後，客戶變成一個只能點頭或搖頭、沒有太多表現機會的「聽眾」。客戶的情緒沒有被處理好，後續急著搶回主導權，甚至出現刁難的舉動也就不足為奇了。

行銷大師科特勒說：「行銷的學問只要一天就可以理解，但是要一輩子才能專精。」我想不管是行銷（Marketing）、業務（Sales）、溝通（Communication）或是管理（Management），都適用這個道理。

B2B業務絕學

對業績充滿熱情的業務，努力解釋產品的特色和優點，但一流的業務，則從「效益與證據」出發，並帶入顧客的生活場景，產生共鳴後，才將對話引導到「特色與優點」。

7 用開放式問題暖場，用封閉式問題結案

在辨識需求的初期，應該多詢問開放式問題，到了後期，才適合多提出封閉式問題測試、引導顧客的購買意願。

業務員在銷售對話中的提問方式，會決定自己和顧客之間的距離和位置。若是拿捏得不恰當，可能在未釐清顧客需求的大方向之前，就貿然往特定的小範圍探索，走錯路、被拒絕的機率自然就提高了。

辨識顧客的需求和偏好，就好像拿著探照燈在森林中搜尋寶藏一樣。要提高成功機率，最好由遠而近、由大至小來提問，才能創造恰如其分的對話節奏與距離。

問題好壞對溝通效果的影響，我有一次親身經驗。

當時的地點是桃園機場，離班機起飛前還有一些時間，我走進一間販賣男用皮件的免稅商店，想找找看有沒有適合送給朋友 Johnson 的禮物。

我在心裡盤算著，Johnson 這麼壯碩，和我高瘦的身材是強烈的對比，所以特別留意有沒有版型較寬的皮帶，比較符合他的體型。

這時一位銷售人員走過來問我：「先生，你要不要看這些版型比較窄的皮帶？」我向他微笑表示不需要介紹。當下我在心裡評量他的銷售行為：因為他的預設立場，讓對話的方向失焦，也在**一開始丟了一個距離太近的問題。因此，也只得到一個不及格的結果**（被拒絕）。

實際上，問題可以分成開放式與封閉式兩種。為何（Why）、何時（When）、何地（Where）、何人（Who）、如何（How）、多少（How much）這些「WH」開頭的問句，屬於開放式問題；而好與不好、要與不要、對與不對等「Yes／No」問題，則歸類為封閉式。

在辨識需求的初期，應該多詢問開放式問題，他們的引導性較低、蒐集到的資訊較多、對話節奏也較慢；而到了後期才適合多提出封閉式問題，他們的引導性強，可以用來測試、引導顧客的購買意願，相較之下蒐集到的資訊較明確、節奏較快。

如同對我預設立場的免稅商店銷售員，他主要的錯誤，來自太快進入封閉式問題，連我為何要買（Why）、要買給誰（Who）都還未釐清，當然比較容易產生歧見。

由此可以推導出，好的提問是一種策略性的對話，先廣泛的了解顧客需求，再經由議題聚焦、擴大共識的過程，通往成交的終點。

在B2B領域，利用提問來掌握節奏是更重要的事。有一年我飛到美國拜訪客戶，因為行程很緊湊，當次會議必須在兩個小時內結束。一開始雙方相談甚歡，聊了許多話題，但是一直還沒有進入正題，討論到最重要的品質問題。一個小時過去，客戶的其他部門又有一位同事中途加入，眼看寶貴的會議時間就要一直流逝，但是這次見面的主要目的卻遲遲未達成共識。

於是，我開始不再提「開放式問題」，而是大量使用「封閉式問題」，像是：「這個專案預計開始的時間是一年以內、或是一年以後？」、「我是否可以回到公司後再給你正式書面回覆？」、「不良品客訴是否超過一半，都是因為這個零件所引起？」，當你**問完開放式問題，接著使用封閉式問題，就會發現主導權回到自己身上**，特別是在時間緊湊時，這是必須要運用的溝通技巧。

這就像我那個古靈精怪的小兒子，每次經過麥當勞都會吵著要吃薯條，在經過幾次被我拒絕後，他總算明白天下沒有白吃的午餐的道理。

現在他不會問：「我可以吃薯條嗎？」（封閉式問題）

而是用天真無邪的表情看著我說：「爸爸，你覺得我最近什麼地方表現很好？」（開放式問題）

我心裡想：這小子未來可能有業務員的天分啊。

B2B業務絕學

在辨識需求的初期，應該多詢問開放式問題，此類問題的引導性較低、蒐集到的資訊較多、對話節奏也較慢；而到後期才適合多提出封閉式問題，其引導性強，可以用來測試、引導顧客的購買意願，蒐集到更具焦的資訊。

8

滿足比較心理，就不用擔心比價問題

「怎麼和客戶談判？」是B2B業務最常遇到的問題。那些成功的業務，又是如何讓客戶感到物超所值，又能為公司賺進獲利？

周末中午，我和友人在台北用餐。這是一間氣氛別緻的義大利餐廳，雖然沒有昂貴的設計裝潢，但是在牆壁、走道上的各種小擺飾，處處可以看見老闆的用心。

服務員帶我們找到一張桌子，就坐時人高腳長的我，膝蓋不小心撞到桌角，我急忙為發出的聲響向旁人道歉。點完餐後我們開始談話，不到幾分鐘的時間，我的膝蓋竟然再一次撞到桌子。

我當下被友人調侃，因而開始把話題轉向用餐空間設計不當。當然，我不是室內設計的專家，朋友間的閒聊也是開玩笑的成分居多。我隨口表示，這間餐廳的座位只比在飛機上用餐大一點而已。

接著，我聊起幾年前第一次坐商務艙的經驗。從前菜、主菜到甜點、飲料，愉快的經驗讓我說得眉飛色舞、津津有味。

我用手一邊比劃，一邊打量這家餐廳的座位，真的就只比商務艙的空間大上一些。我的友人問我：「既然如此，怎麼會商務艙的經驗如此美好，義大利餐廳卻令你難以忍受呢？這家餐廳提供的項目，可不會比飛機上少啊！」

他隨口一問，卻讓我想得入神。

拉回機艙的情境當中，我似乎悟出幾分道理。那些所謂尊貴的享受，是拿經濟艙做比較而來。而在有限空間、有限餐點之下，還能有愉快的感受，也是基於這是一趟身處幾萬英呎高空、長時數的飛行。

原來，人對價值的感受，大部分都是比較出來的。對照到我所熟悉的行銷策略、銷售技巧，有太多異曲同工之處。

顧客在購買產品、接受服務時的比較基準，會來自過去的消費經驗、口耳相傳的評價，或是市場上類似供應商的水準。我們少有機會，去拆解一個電子產品的成本結構，也難以估算它真正合理的價格是什麼（固定成本的分攤隨產量、銷量而變化）。但是，我們對產品是否物超所值的感受，卻是直接又真實的。端看業務人員為產品塑造哪些比較基準，形成顧客心中的既定印象。

銷售談判也適用這樣的道理。好的業務人員有辦法在談判初期拉高報價，同時又不至於把顧客嚇跑，用各種溝通技巧讓他們願意坐下來談。這些拉高的報價與條件，就成了業務員可以釋放的籌碼。

當買賣雙方達到共識，顧客感覺自己從談判桌上，拿到令人滿意的籌碼，最後形成一場皆大歡喜的結局。雙贏的感受，同樣是被「比較」出來的，而這正是溝通技巧的高下之別。

在Ｂ２Ｂ領域，這種「比較」的心理需求往往更重要。因為我們對那些冰冷的工業產品，沒有太多實際生活經驗的連結，產品價格的昂貴或便宜，大多是比較出來的。所以高明的Ｂ２Ｂ業務員在報價時，會引導顧客將自己的產品，與高價位的品牌做聯想，例如：這是工業產品界的法拉利（Ferrari）或亞曼尼（ARMANI），輔以各種佐證資料強化這樣的印象，對於拉高售價和成交機會，通常有很大的幫助。

B2B業務絕學

在Ｂ２Ｂ領域，這種「比較」的心理需求往往更重要。因為我們對那些冰冷的工業產品沒有太多實際生活經驗的連結，產品價格的昂貴或便宜，大多是比較出來的。所以高明的Ｂ２Ｂ業務員在報價時，會引導顧客將自己的產品，與高價位的品牌做聯想，對於拉高售價和成交機會，通常有很大的幫助。

9 別跟客戶裝熟

美容產品的目標顧客，無不是希望自己越來越年輕，這位業務員可能沒有想過「姊」這個字，會給聽者帶來什麼負面的感受。

這是朋友遇到的真實案例，業務員一開口就將顧客的情緒搞砸。「文惠姊，很抱歉打擾您。我是某某公司的行銷專員，要向您介紹最新的優惠方案。」乍聽之下沒有什麼得罪人的用字遣詞，但是為什麼讓當事人的情緒不快？原來這是一通陌生拜訪的電話，劈頭就被人直接稱呼「文惠姊」，她說那種刻意裝熟的感覺，真是一點也不自然。這種營造出來的誠懇，好像噴了許多香水的人造花。

在今日個人隱私越來越受到重視，行銷人員與顧客之間距離的拿捏，顯得特別重要。**為了塑造親切形象而貿然拉近與顧客的距離，不但無法贏得好感，還會引來顧客對自己個人資料隱私的疑慮**。誰知道電話的那一頭，對方取得自己多少資訊，又是透過什麼管道取得的呢？

更令人傻眼的是，這位業務員要推銷的是美容產品。我想他熟記銷售訓練手冊上的各種話術，但是沒有從聽者的角度，去聆聽、去感受自己的說話內容。美容產品的目標顧客，無不是希望自己越來越年輕，這位業務員可能沒有想過「姊」這個字，會讓聽者產生什麼負面的感受。

我自己也遇過類似例子。

業務員拜訪新客戶，在會議室的第一句發言是：「陳副理和各位主管大家好，今天我將為各位說明這次提案的內容。」接著他開始長達三十分鐘，表達流利、幾乎沒有任何停頓的業務簡報。

期間他尊稱了好幾次「陳副理」，但是沒有察覺當事人略顯僵硬的表情，也沒有注意到旁人欲言又止的尷尬態度。看到他全神貫注，沉浸在自己流利的簡報當中，沒有人打算中斷他。彷彿這場會議的主角，是業務員和那些光鮮亮麗的投影片，而不是客戶。

報告結束之後的提問時間，與會者反應異常冷淡，沒有太多問題。等到這名業務員收拾桌上名片準備離去時，才赫然發現他把對方名片的職稱看錯，應該是「陳副總」，而不是「陳副理」。

我心想，若是在他簡報過程不要只關心自己的口齒伶俐、台風穩健，而可以多花一些心思在聽眾身上，包括重複確認聽者的身分、觀察聽者的表情和反應，他肯定會發現一個上百萬的採購案，應該不會由這家公司的副理做決策，而最後結束的對話也不會如此尷尬。

這名業務員離去前，還在為錯誤稱呼道歉，陳副總說：「職稱不重要，我不是那麼在乎。記得報價單上的數字算清楚，不要再搞錯就好了。」

被稱呼「文惠姊」和「陳副理」的兩位當事人，照理來說都不會當面抱怨。但是，這種業務員到底有沒有把事情搞砸呢？在他們的成績單上會看到答案。

B2B業務絕學

職稱不重要，但在關鍵時刻，卻會體現你的專業程度。

10 簡報不緊張，先打聽

誰才是一次成功溝通過程的主角？又是由誰來評斷一場簡報的成功與否？毫無疑問的，絕對不是拿著麥克風、看似主角的那個人。

在公眾演說的場合，當台下聽眾列席而坐、台上講者拿起麥克風的那一刻，誰是主角呢？從傳統的角度來看，理所當然是鎂光燈下的那位講者。不過，我有不同的淺見：主角應該在台下，而不是在台上。

每當有人談論簡報技巧，特別是需要對客戶提案的業務人員，我經常聽到的問題是：

- 如何克服緊張？
- 如何能吸引聽眾目光？
- 如何進行一場令人印象深刻的簡報？

還在摸索簡報技巧的朋友，最容易出現的盲點，就是把焦點放在自己身上。面對群眾感到緊張，是因為我們認為自己的一舉一動，是影響這一場表演成敗的關鍵；我們學習各種技巧，好在台上看起來充滿自信、生動風趣；我們試著鋪陳充滿戲劇效果的話術或工具，期待在聽眾心中留下深刻印象。

如果，我們靜下心來思考成功簡報的本質，它應該是將有價值（甚至撼動人心）的訊息，成功傳達到聽眾心裡的過程，而不只是進到耳裡。表達的用字遣詞、聲音的抑揚頓挫等技巧，固然可以讓訊息更順利的進入聽者耳裡，不過它們終究只是過程的配套工具，不保證訊息也被帶入了心裡。

在聽完一場充滿技巧的簡報之後，聽眾有可能想：「他的演講技巧真的很不錯。不過，他所說的內容和我的關聯不大。」

誰才是一次成功溝通過程的主角？又是由誰來評斷一場簡報的成功與否？毫無疑問的，不是拿著麥克風、看似主角的那個人；而是坐在台下、看似配角的聽者。想通這個「主客易位」的道理，其實我們應該花更多時間去深度理解，我們談論的主題對聽者的意義是什麼？他們需要的、感興趣的資訊是什麼？我們打算如何讓他們滿載而歸？

把這些核心議題想透，講者才能發自內心、由內而外的建立信心，同時焦點從自己身上移到聽者身上，**表現在外的緊張感自然也會降低**。

此外，我建議在與客戶做簡報時，事先透過與窗口的妥善溝通，掌握客戶所關切的核心課題為何？待解決的問題是什麼？甚至其他廠商尚未能有效提供的解套方案有哪些？像這樣針對客戶所關切的重要議題切入，加上條理分明的簡報說明，更能使客戶對你的提案感興趣．並感受到準備你的用心。

B2B業務絕學

成功簡報的本質，它應該是將有價值（甚至撼動人心）的訊息，成功傳達到聽眾心裡的過程，而不只是進到耳裡。

11 為什麼「銷售力」幫你快速出人頭地？

成功的業務不見得是好主管，
但溝通能力強的業務，絕對是晉升主管的首要人選。

影片出租公司百視達（Blockbuster）曾經是美國零售業的指標，全盛時期在美國境內開設的零售店超過九千家。然而，這家公司在二〇一〇年宣布破產，二〇一四年一月關閉美國僅存的三百家直營店。

網路普及率與頻寬的提升，使得上網看影片（線上串流影音訂閱服務）取代傳統店面的租借模式，零售業巨人終於敵不過大環境的趨勢。

百視達的沒落，除了反映出影片租借市場的轉型，它更象徵銷售工作的定位與價值正在改寫。從數萬名門市人員的規模到幾乎全數裁撤，只有不到十年的時間，網路科技帶來的衝擊可想而知。同一時間，全球各行各業線上交易的蓬勃發展（食、衣、住、行、育、樂），把各種實體店面的經濟活動，帶到虛擬世界，間接衝擊了許多傳統業務員的工作。

但這就表示，「銷售工作越來越少」嗎？我的看法正好相反。銷售工作「不減反增」，而且多到超乎你的想像。因為在新的經濟型態，銷售工作的定義已經不再那麼僵化。你以為只有穿著白色襯衫、拿著黑色皮箱到處敲門的人是銷售員，其實有更多從事銷售工作的人，只是他們名片上印的不是銷售職稱罷了。

我曾經在電子業和許多工程師共事，能夠晉升為一流工程師，或是扮演好稱職的管理者，都有一項共同特質，那就是「溝通能力很強」。

換句話說，他們總是能成功的把想法「銷售」給別人。有時候是一個艱深的技術問題，要用簡單易懂的語言讓其他同事了解；有時候是短期內無法獲利，但是深具未來性的產品，要說服老闆投資預算和人力；甚至是面對自己管理的部門，讓工程師心甘情願的加班，又能維持工作熱情，就得看研發主管的溝通和領導能力。

即使是企業的經營管理者，銷售能力的重要性也無庸置疑。台積電董事長張忠謀與宏碁創辦人施振榮，都曾經退休後再重新回鍋掌舵。他們上任的首要任務，就是重建內部員工和外部投資人的信心。他們不必銷售硬體，而是銷售難度更高的願景給更多人。而蘋果公司（Apple）有史以來最成功的銷售員是誰，相信消費者都有一致的答案：賈伯斯（Steve Jobs）。

企業管理在初階邁向成熟、由小到大的過程，總是會朝專業分工的方向發展。然而，在企業擴張到一定規模、遭遇更多市場挑戰之後，又必須打破僵化的分工界線（本位主義），回歸到極具彈性、快速反應的創業家精神。**你越有能力把想法賣給別人，就越能夠在組織內、外扮演整合的角色，成為團隊的核心成員或領導人。**

業務不只是販售產品，更在創造價值認同

銷售這個如此商業化的字眼，在非商業領域的重要性也越來越高。在我初入社會選擇第一份工作時，一位長輩問我：「你怎麼不當教師或工程師，要去做業務員呢？」現在回想起來，教師要出類拔萃，也必須是個超級業務員才行。

我所認識最有活力的教師之一，是我大學的同窗曾明騰老師。他對教育工作的熱情，從學生和他在課堂上、課堂外的互動一覽無遺。他「賣」想法給學生，鼓勵他們主動提問和勇於創新；他「賣」想法給家長，建議讓孩子朝自己的專長深入發展，而不是用成績單上的數字決定一切。

曾老師的外表乍看之下，是一個擁有摔角選手體格與嚴肅表情的壯漢。但是，當你看到他在課堂上，設計各種有趣的活動，或是打扮成蝙蝠俠、鋼鐵人與孩子同樂的模樣，我們很清楚，他傳達了非常多有價值的理念給下一代。

我感覺，那些把自己定位在講授書本內容的傳統教師，就像百視達店面的員工一樣，被取代性越來越高。就如同停留在舊觀念的業務員，低價值的拜訪活動和工作習慣，終將讓自己失去競爭力、被產業的大趨勢淘汰。

然而，當我們找到熱情和信仰，銷售工作的本質和內涵就變得截然不同。各行各業、各種職能的工作者，都適用這個道理。

因此，不妨接受這個事實。從事銷售工作的人比你想像的還要多，而且可能就包括你、我在內。再者，我們所銷售的、最有價值的東西不在展示櫥窗內，而是在人們的腦袋裡。

B2B業務絕學

從事銷售工作的人比你想像的還要多，而且可能就包括你、我在內。再者，我們所銷售的、最有價值的東西不在展示櫥窗內，而是在人們的腦袋裡。

第3章

怎麼做到價格比同業貴，業績卻比較好？

1 放大你的競爭對手，市場就變大

就顧客的角度來說，他們購買的不只是冷飲，還有滿足口渴、打發時間或是拉近同事關係（如：辦公室團購）等潛在的需求。

許多初入職場的年輕朋友，經常詢問我在不同產業的業務工作特性，從工作時間、起薪待遇、獎金比重、業績壓力到開發客戶的難易程度等。這些問題的確是選擇起跑點的必要條件，但沒有人會一直待在起跑點。這就像賽跑一樣，一名選手在鳴槍後的動機和態度，遠比他從哪裡出發來得重要，也會決定他能跑多快、跑多遠。

因此，在聽了太多短期問題後，我總是將對方拉到長期問題，像是：「十年之後預期自己在哪裡、成為什麼模樣？」從長期目標拉回來看短期計畫，大部分的挫折就變得微不足道。

於是，客戶的無情拒絕不再是洪水猛獸，那是磨練溝通技巧的必修學分，也是邁向更有價值職涯的寶貴過程。**對短期困擾免疫的人，總是在心中存有長期的願景。**而他們設定競爭的對象，當然也不會限於隔壁座位的同事。

放大你的競爭對手，競爭力隨之提升

不只如此，現今市場上的競爭規則，也已經被改寫。競爭對手不一定來自同一個產業、同一種產品的提供者。舉例來說，要在某一區域經營外帶飲料店，光是調查附近的飲料店家數、產品種類與價位是不夠的。正確的做法是，從目標族群的特性著手，了解他們是以上班族為主、還是學生？主要消費時段集中在上、下班與用餐時間，還是平均分散在全日時段？除了飲料之外，他們還有什麼其他外帶餐飲或點心的選擇？因此，千萬不要說飲料店的競爭者，只是其他同類型的飲料店。

就顧客的角度來說，他們購買的不只是冷飲，還有滿足口渴、打發時間或是拉近同事關係（如：辦公室團購）等潛在的需求。若只把眼光限縮在飲料市場，可能就解讀不到顧客的深層需求，也沒有辦法設計出，真正以顧客導向的行銷計畫。

錯把同業當成唯一的競爭對手，還會與顧客漸行漸遠而不自知。因為競爭對手可能誤判顧客需求，產業內可能在進行紅海戰爭，盲目模仿、惡性競爭的結果就是兩敗俱傷、沒有贏家。所以在參與競爭之前，定義競爭是更重要的課題。

製造業也經常發生這樣的錯誤，產業內的某一家廠商增加產能、降低報價，其他競爭廠商就開始做產能競賽，大家把焦點放在提高產能利用率、降低品質不良率，而不是研究如何提高客戶滿意度，實在是本末倒置的思維。不管哪個產業，把焦點放在顧客才能找到正確的經營方向。

把這些道理想通後，我們會發現不管在商場或職場，競爭對手會讓我們一時焦慮或迷失，但是他們永遠不是賽局中的主角。只要我們能夠拉大自己的格局、看到更高的價值，這個世界其實大到讓「競爭」這個名詞，變得極其渺小。

B2B業務絕學

競爭對手會讓我們一時焦慮或迷失，但是他們永遠不是賽局中的主角。只要我們能夠拉大自己的格局、看到更高的價值，這個世界其實大到讓「競爭」這個名詞，變得極其渺小。

2 畫出你的業務開發地圖

B2B業務開發新訂單及新專案時，應該依據客戶或專案進行階段的差異，聚焦於不同的銷售重點。因此，我建議每位業務都該有一張屬於你的開發地圖，不但能讓你輕鬆管理手上的專案、掌握進度，還能不慌不忙的想出最佳決策。

假設一家電子零組件的供應商，他們的目標客戶是電腦的系統組裝廠。系統廠研發部門進行的每一項專案，就代表地圖上的一條路徑。每一條路徑，在零組件廠商拜訪當下的「熱度」，都不盡相同。

我通常會以顏色區分為三個階段，舉例來說，在第一階段也就是評估初期，我將與客戶互動的熱度以黑色示之，代表所有廠商站在同樣的起跑線上，都有機會參與競爭。業務活動的焦點，應該放在蒐集競爭情報，以及釐清客戶遴選廠商的流程；對內則要專注於協調及爭取到最大資源（人力、預算）。

第二階段為接近廠商決選的時期，與客戶互動的熱度我則標示為深灰色，此時，銷售人員要密集的拜訪關鍵決策者，技術團隊必須給予最大強度的支援，以期達成目標。

在最後階段，也就是已經決定廠商的專案，或是沒有立即合作機會的部門，此時與客戶互動的熱度我會標示為白色。雖然這個時期的業務活動，沒辦法立即有營收產出，但因為雙方也沒有交易、談判的壓力，換言之，關係也較疏遠，正是需要花心思維持關係的階段。

總言之，每一次拜訪客戶，業務員心裡都應該有底，**清楚明白這次去拜訪的目的為何？**特別在B2B市場裡，第一次拜訪客戶有九成以上的機率，不會

圖六　將業務活動區分為三階段，畫出你的業務開發地圖

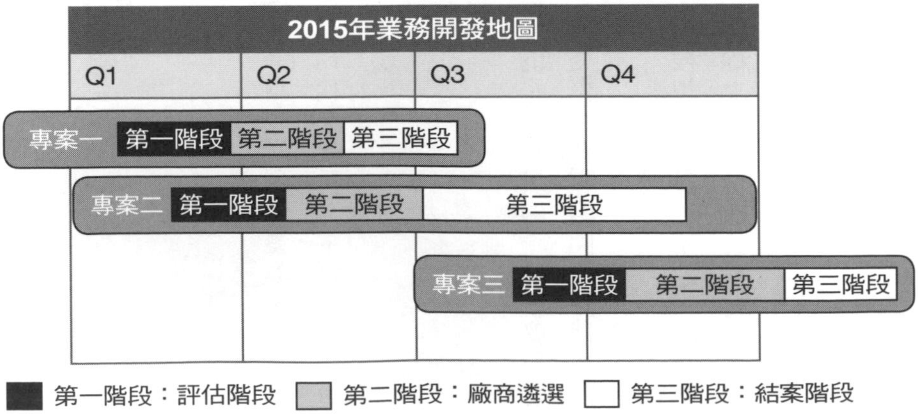

締結訂單。因此，若一味將心力放在第二階段（與有交情的廠商努力爭取合作機會），反而忽略與潛在合作對象建立關係，就很容易陷入把市場越做越小的困境。

唯有面對不同客戶，聚焦於不同的業務活動重點，才能為你打造健全的客戶組合，並且促使你每個月的業績都能穩定成長，而不至於受制於某些關鍵客戶，造成業績起起落落，進而影響工作績效。

B2B業務絕學

在B2B市場裡，第一次拜訪客戶，有九成以上的機率不會締結訂單。唯有面對不同客戶，聚焦於不同的業務活動重點，才能為你打造健全的客戶組合，而不至於受制於某些關鍵客戶，而造成業績起起落落，進而影響工作績效。

3 高業績不等於高績效

籃球教練不該只檢討每位球員的投籃得分，卻把命中率的數據丟到一邊。但諷刺的是，很多公司把這樣不合邏輯的觀念，用在績效管理上。

如果，一間炸雞店的資本額是新台幣二百五十萬元，那麼台積電的規模，大約是它的十萬倍（新台幣二千五百億元）。再比較企業形象、人才組成、技術門檻等，兩者更是天壤之別。但是，不論世界上任何一種生意，從傳統產業到高科技業，從外銷為主的製造業，到內需市場的民生消費產業，每一個體質健康、永續經營的商業模式（Business Model），都有共同的檢驗標準。

首先，我們可以檢視一家公司的「Top Line」，財務報表上稱為銷售總額。因為它列在損益表的最上面第一欄，所以慣稱為 Top Line。說得白話一點，就是先看這門生意可以做到多大。

業務專業百科

- **銷售總額（Top Line）**

也可以用來表示營業額、營收，指公司的銷售淨額或總營業收入，也就是用以增加銷售額或收入的行為，Bottom Line（損益淨值）則是與之相對的名詞。而頂部以及底部的名稱，源自其在損益表上的位置。

- **淨收益（Bottom Line）**

又稱損益淨值，指公司計算全部收入及支出後的淨利潤或淨虧損。

一間炸雞店的室內空間、營業時間都有限制，因此就算食物品質再怎麼改善、服務流程再怎麼精進，都可以大概粗估 Top Line 的上限。至於製造業則是有廠房、設備、人力、產能等限制因素，用來綜合判斷營業收入的規模。

如果把 Top Line 想像成一顆氣球的表層，有兩個角度可以思考這個商業模式。首先，當我們想讓氣球膨脹，也就是 Top Line 向外擴張，使得營收有更大的潛力，通常要在營運策略上有較大的改變。

例如，炸雞店可以延長營業時間，或是增加外送、網路訂購等業務範圍，相對而來的是更多資源的投入。台積電想達到一樣的目標也不例外，它可能需要增加生產設備的投資，或是投入更多研發成本，進而提升產能利用率。

也可以說，一家公司業務力的強弱（爭取新客戶、新訂單），直接決定了它擴張 Top Line 的能力。

其次，**Bottom Line** 則是營收扣除成本、費用之後得到的淨收益或是淨利，也就是公司真正賺了多少錢。生意做得越大，不等於錢賺得越多，這是再簡單不過的道理。看看多少企業是在規模擴張之後虧損加劇、資金周轉不靈，就可以了解到管理 Bottom Line 的重要性。

我們可以從多種不同面向，來探討氣球內部由哪些氣體組成。例如，新客戶與舊客戶帶來的營收、獲利各占多少比例，就可以知道公司的業務團隊，屬於「開發型（攻擊型）」或是「守成型（防守型）」。另外還有來自新產品、舊產品之間的比重，硬體、軟體之間的比重，新機銷售、售後服務之間的比重等，都可以對生意的本質與企業的體質，有更實際的了解。

別贏得漂亮數字卻賠了毛利

很多業務員缺乏成本的觀念，心中只有Top Line、沒有Bottom Line。誤以為高業績等同於高績效，所以用犧牲獲利來換取營收成長，這樣的做法通常都有很高的風險。

業務人員有這樣的錯誤思維，很多時候還是公司制度所誤導造成的。業務主管不妨問自己：「業務報表上的關鍵績效指標（KPI），是不是只強調營業收入（做了多少生意），而忽視淨收益和淨利（賺了多少錢）？」

業務專業百科

- **關鍵績效指標**（Key Performance Indicators，簡稱KPI）：又稱主要績效指標、重要績效指標、績效評核指標等，是指衡量管理工作成效最重要的指標。這個指標往用以衡量財政、一般行政事務。是將公司、員工、事務在某時期的表現，量化與質化的指標，可協助將優化組織表現，並規畫願景。

這就好像籃球教練不斷強調得分效率的重要，但每場比賽結束後，只檢討每位球員的投籃得分，卻把命中率的數據丟到一邊。大部分籃球教練不會做這樣的事，但諷刺的是，很多公司把這樣不合邏輯的觀念，用在績效管理上。

我曾因某個專案，列席一家公司的業務會議。在會議上，業務副總先點出毛利嚴重下滑的問題，要求大家謹慎報價，努力為公司爭取獲利，業務同仁也都異口同聲全力配合。然而，仔細看到業務報表的內容，竟然全部都是客戶別、產品別、區域別的營收統計，而看不到任何毛利數字。高階主管一開場的目標宣示，變成呼口號式的表面管理。

事後我和個別業務人員訪談，發現大家都清楚問題的嚴重性。但是制度內缺乏明確的管理項目和衡量指標，因此，希望業務採取行動甚至拿出對策，根本是管理者一廂情願的想法。

有人說業務員等同老闆的角色，這樣的說法並不完全正確。只關心 Top Line 的銷售人員，頂多只是半調子的老闆思惟。能夠同時有 Top Line 與 Bottom Line 這兩把尺，才算掌握了商業模式的全貌，才稱得上是內外兼修的全方位經營者。

從炸雞店到台積電，都不例外。

B2B業務絕學

不想讓你的要求與命令最後都會淪為加油的口號，得列出明確的管理項目及指標。

4 讓客戶比價但我賺很大

我們何不讓客戶在我們所提供的方案中，經歷多一些比較和選擇的過程，進而減少他拿我們和競爭對手比較的機會呢？

製造業的業務人員普遍有一個迷思，就是在知道產品成本結構之後，與客戶的議價不自覺就往成本底線靠攏。彷彿「給一個漂亮的數字」，就能解決許多問題。但是其實**報價數字是否有競爭力，很多時候跟成本並無直接關聯**，價格高低取決於客戶的認知，往往這是一個極度非理性的決策。所以在B2B領域，**不讓業務人員知道成本結構，有時候反而有助業務人員勇於塑造高價值**。容我再強調一次，價值、價格高低的認知是比較出來的。這不僅是B2B市場的特性，當然也適用於B2C市場。

讓我們看一個B2C的例子。有位前輩退休後，以高價的茶具買賣為副業，雖然他的潛在客戶中，有許多身價過人的大老闆，但是他向我抱怨，要做成一筆生意比想像中困難得多。由於這位前輩的職涯，都以內勤的行政管理職為主，完全沒有業務開發、銷售談判的經驗，因此，我試著進一步了解他和客戶交涉的方式，並提供建議。

聽完他的銷售方式後，我發現，他對各種茶具很有研究，不管從外型樣式、製造工藝、茶具發展的歷史軼事等都能朗朗上口。任何人都看得出，他發自內心的熱情，以及深厚的專業素養，若是以整個銷售流程中的「產品展示能力」來評價，他絕對是不折不扣的超級業務員。

但是，他總是在進入價格議題時，不知道如何控制對話的方向和品質。而內心的缺乏自信，從他的用字遣詞、語調語氣、肢體語言都清楚的傳達給客戶，當然很容易影響客戶的購買意願，特別是這種中高價位的藝術品。

與其預想客戶滿意的價位，不如直接讓對方選擇合理價位

首先，是面對那些攀談不久就馬上詢問價格的客戶，賣方若是太快把自己限縮在特定的價格區間，很容易讓交易被狹義的侷限在預算問題。沒有辦法聚焦在價值的討論，銷售對話就變成表面的數字遊戲。例如，還未釐清茶具的用途、樣式之前，他可能會順應急著詢價客戶的要求，丟出一個參考價格，像是：「平均來說，我所賣的茶具售價在十萬元左右。」

對預算有限的人來說，這是一個讓人卻步的高價；但若是放在上億豪宅或企業的VIP會客室，可能反倒想找更高價位的產品。對這兩種買方來說，**賣方在未清楚了解需求之前，就拋出參考價格，等於把自己鎖死在某一價格區間**。然後在這種價格導向、價值模糊的對話中，破局的機率當然很高。

所以我的建議是，面對急著進入價格議題的客戶，不要讓雙方陷入數字僵局的方法，就是「擴大價格區間」。和直接回答「十萬元」的參考價格比較起來，更好的回應是：「我的茶具款式很多，售價從三千元到三十萬元都有（很大的價格區間），我們是不是進一步討論什麼類型比較適合？（**將議題拉回價值討論**）」

其實，不僅僅是價值認定比較主觀的藝術品，就連看似理性的工業產品，也存在許多非理性的採購決策行為。就算業務人員銷售的是型號、規格標準化的工業機器，我們也可以利用保固年限、維修服務合約、零件耗材等項目，來創造出一個非標準化的解決方案，而這也是所有銷售活動聚焦在「價值」，而非「價格」的重要途徑。

擴大價值區間還有一個好處，那就是滿足客戶「比較」的心理需求。我們都有這樣的經驗，看到滿意的產品、可以接受的價格，但是因為沒有經歷足夠的比較過程，所以決定再多看看其它選擇。就像在沙灘上撿貝殼的人一樣，總認為多走幾步路，可以撿到比手中更漂亮的貝殼。既然人性都有這種比較的心理需求，我們何不讓客戶在我們所提供的方案中，經歷多一些比較和選擇的過程，進而減少他拿我們和競爭對手比較的機會呢？

銷售是一種滿足需求的技術，也是一門藝術。入門層次看的是硬體和價格，進階層次談的是心理和價值。最有趣的是，同一個問題永遠沒有標準答案，就像同一組茶具永遠沒有標準價格一樣。

B2B業務絕學

主動給客戶比較的空間，就能減少他把你拿去與競爭對手比較的機會。

5 折扣有時是妙方，有時是毒藥

「心理需求」在交易過程的重要性，很容易被忽略，從資淺到資深的業務人員，都可能有這個盲點。

這裡是河北省的衡水，地方上的基礎建設，仍處於大興土木的階段。馬路上飛揚的風沙忽大忽小，不時影響到行車的能見度。行人在街道走十分鐘，頭髮和衣服就會鋪滿一層灰。

午餐時間下了車，我以最快的步伐走進餐館。為了阻隔風沙，這裡大多數店家的門口，都裝有透明又厚重的長條塑膠片。餐館包廂內的環境很乾淨，和外面的塵土飛揚完全是兩個世界。坐在我旁邊的，是一位中國南方來的高階管理人員，有十多年工廠管理的實務經驗。因為他在廈門的台資企業歷練多年，他的思考和表達都很敏捷，談話可以很快切入重點，不會拖泥帶水。

我們一邊享用午餐，一邊天南地北的閒聊，從氣候、生活習慣到飲食文化，我們聊了許多大陸北方和南方之間的差異。其中談到做生意的方式，讓我感覺銷售的本質，總有許多異曲同工之妙。

福建、廈門一帶的南方地區，由於地理位置、外來人口等因素，商業環境的發展相對成熟，生意的手腕比較靈活。對照之下，北方的生意人就顯得一板一眼、缺乏彈性。舉例來說，北方人為商品訂價後，不喜歡討價還價。這位從南方來的主管說，有一次他向賣鞋子的店家要了一點小小的折扣，但是這個北方老闆寧可做不成生意，也不願意做任何的降價，最後這筆交易當然沒成功。

我說，這幾塊錢的折扣對賣方來說，肯定還有足夠的利潤；但是對買方來說，它所滿足的絕對不是穿鞋子的生理需求，也不是真的和預算有關的財務需求，而是非常重要、無法言喻的心理需求。

講到這裡我們相識而笑，並看著對方猛點頭。

心理需求在交易過程的重要性，很容易被忽略，從資淺到資深的業務人員，都可能有這個盲點。因為它太抽象了，很難用具體的文字來描述或定義，更沒有辦法將它標準化，發展出一套準則或公式。

而最有意思的是，正因為它很難標準化，所以**處理心理需求的能力，才是真正分辨出業務人員好壞的關鍵**。那些觀察力不夠敏銳、溝通缺乏彈性的人，即使再怎麼努力，通常也只能在標準化的產品和服務上打轉。至於標準化，最終是通往高價值的藍海，或是低價格的紅海，我想台灣的代工產業，已經繳了不少學費、得到許多答案。

心理學家馬斯洛（Abraham Harold Maslow）將人類的需求分為安全、生理、歸屬感、自我實現等不同層次，因此，優秀的業務員不僅要徹底了解自己的產品，更應該看到客戶在商品以外的各種需求，諸如售後服務、品牌認同等。

主動降價不見得能討好，卻一定會破壞交情

不過，雖然有些時候，降價可以創造物超所值的感覺，進而完成交易；但是在某些情況下，輕易變動價格，反而會破壞原本建立的信賴感與品牌形象。

某次我陪同一位朋友去鐘錶店，他看了好幾個款式都沒有中意的，不是顏色不對，就是錶帶樣式不滿意。最後，他看上一支價格較高的石英錶，拿在手上試了又試，感到非常滿意。錶店老闆顯然很想做成這筆生意，主動表示可以再提供八折的優惠。想不到，老闆拋出這個自以為是利多的訊息，反而讓我的朋友開始猶豫，最後決定不買了。

走出鐘錶店，他提出許多山寨手錶的案例，還不斷強調，品質比價格重要的觀念。此時，即使那支錶附上任何保證書，都改變不了他的刻板印象了。

從不願降價的北方生意人，到主動降價的錶店老闆，他們都忽略了，價格只是交易

過程的某一條件，而非唯一條件。試著用買方的角度去解讀交易行為，我們才有機會創造雙贏的結果。

別以為不輕易降價，只適用於偏向感性決策的B2C市場，其實在看似理性的B2B市場也有很多這樣的例子。特別是對品質要求特別高的特殊零組件如：特殊材質的線材、客製化規格的連接器等，採購人員可能對材料、製程等專業知識了解不深，此時唯一能反映品質高低的變成了價格。在零組件占總成本比重較低、品質因素又至關重大的情況下，供應商主動降價不但傷害獲利，甚至還降低了成交的機會，你說是不是兩敗俱傷呢？

B2B業務絕學

價格不是交易過程的唯一條件，了解顧客對產品的印象價值，才能提出買賣雙方都滿意的價格。

6

當客戶比你懂，你怎麼說服他？

若停留在資訊不對稱的商業模式，大部分的產品和服務，會被形塑成標準化的專案，最後當然就難逃比價的命運。

在機場完成通關程式，離登機時間還有一個小時，我走到免稅商店區打發時間。

我逛的第一家店，裡面販賣各種紀念品，有明信片、裝飾品、食品等，一個醒目的促銷牌子上，寫著「特價人民幣九十九元」。我走過去一看，那是個迷你的巧克力禮盒，裡面放了幾種不同口味的巧克力。

我喜歡這種量少、種類多的產品組合，雖然沒有辦法先實際品嚐，但是從整體包裝的感覺看來頗精緻。我心想：「這應該算是送禮自用兩相宜吧。」

店員朝我走了過來，很親切的說：「先生，帶幾組走吧，這個產品正在特價。」我對她友善的舉動回以微笑說：「謝謝妳，我再隨意看看好了。」

這名店員看到我準備把手上的產品放下，急忙接著說：「你真的不考慮嗎？這是難得的機會！」接著露出有點失望的表情。

我必須承認，有時在生活中自己的職業神經發作也是挺困擾的。觀察她一開口的過度熱情，和隨後的過度失望，直覺告訴我，這樣的銷售行為背後大概有什麼問題。畢竟，我很少看過免稅店的銷售員，態度會這麼積極。

我再次道謝，並對她說：「我逛一圈再回來。」然後，看著她的表情垮了下來。步行幾分鐘我來到另一家店，看到類似的巧克力產品展示櫃，很快就了解，第一家店員為何有那樣的態度。

這家店的產品選擇比較多，其中一個標價人民幣一百五十五元的巧克力禮盒，分量幾乎是剛才那個特價人民幣九十九元的兩倍之多。也就是說在我貨比三家之後，第一個店家所謂的特價根本不算特價。無怪乎那位店員多麼希望，我立刻下決定，也印證我剛才的觀察無誤。

客戶手上的資訊比你多，要拿什麼打動他？

我把這樣的銷售方式，歸類為過時的商業模式，也就是試圖利用市場的「資訊不對稱」來獲利。在過去網路不發達、市場訊息較封閉的時代可能適用。但是，如今消費者取得資訊的管道越來越多、價格敏感度越來越高，這種方法已經很難在市場上生存。

我們都認為自己不會是那種銷售人員，但是仔細檢視市場上的許多公司，的確還停留在舊的思維、舊的獲利模式，以至於走不出價格競爭的紅海。

貿易公司若只是大量搜尋國外買主和國內貨源，單純進行買進賣出的交易行為，它可以創造出來的「價差」（獲利空間），只會越來越小。因為各種產業、各種產品的製造商，已經開始將營運範圍延伸到市場，直接和客戶對話；終端客戶或通路商要聯繫原廠製造商進行交易，也不再有任何難度。

想要在買方與賣方之間創造價值的貿易商，就必須在報關程序、倉儲物流、商品檢驗等方面深化專業能力。**展現出無可取代的商業價值**，一家公司才會有存在價值。

又或者，你是一名房屋仲介經紀人。勤跑客戶可以讓你獲得較多的案源，但是潛在客戶出現之後能否成交，還是必須決戰於交易的「最後一哩路」，那就是對物件的了解、法規的掌握，以及洞察人心的溝通技巧。沒有在這些層面下功夫，只想靠大量拜訪、接觸更多潛在客戶，終究只會得到事倍功半的結果。所以不論是B2B還是B2C市場，業務人員都必須了解，市場資訊透明度只會越來越提高，要靠買進賣出促成商業價值的空間，將越來越狹小。

而那些停留在資訊不對稱的商業模式，還有一個特性，就是大部分的產品和服務，都被他們形塑成標準化的專案，最後當然就難逃比價的命運。

要跳脫出這樣的泥沼，**必須有能力看到商業流程中的「價值溪流」**，創造出扎實、無可取代的那一部分。

如此一來，即使自己處於價值鏈裡中間者的角色，也不必擔心上游供應商、下游客戶之間彼此串連。一個真實價值的提供者，反而樂於接受客戶的真實檢驗。

結完帳之後我回頭往登機門走，經過剛才第一個店家，看到那位店員又在拉高音量促銷她的「特價人民幣九十九元」禮盒。

我心想：「繼續堅持下去，總會讓妳遇到一些外行的顧客。」

但是，如果她對市場的趨勢、對消費者的改變有多一些認識，她會知道其實外行的那個人是自己。

B2B業務絕學

銷售過程或許有SOP，但成交經驗切忌陷入標準化，否則就難逃被比價的命運。

7 你的價值：交叉與向上媒合商機

同樣一家客戶，格局小的業務員只圍繞在單調的項目和價格打轉，格局大的業務員，卻可以從兩家公司（買賣雙方）的商業模式切入，找到資源互補、共創雙贏的空間。

那是一間再普通不過的洗衣店，就在我每天都經過的巷口。由於我一般衣物送洗的頻率不高，西裝也已經有專門服務的廠商，因此，這家巷口的洗衣店對我來說，就像是社區固定的地標一樣。即使我經常從店門口經過，也甚少有任何消費，甚至不會多看一眼。

不過一個周日的下午，當我經過洗衣店時，被一隻吊在半空中的加菲貓吸引，停下了腳步。仔細一看是小孩子的大型絨布玩偶，應該是清洗之後被吊掛起來晾乾，可愛的模樣在小巷子內特別醒目。

這隻加菲貓不僅引我莞爾一笑，也讓我腦中想起，家裡那些絨布和棉襖材質的大衣、椅墊、毛毯等，是不是該趁著除舊布新的時候，拿出來清潔一番？

我走進洗衣店，了解有哪些項目可以送洗，順便用便條紙把品名寫下來，一個下午送了不少品項到店裡。洗衣店的營業額增加了，我的潛在需求也被挖掘和滿足了。

如果沒有那隻加菲貓，這一切都不會發生。

連續幾天，那隻玩偶都被吊在門口沒有拿下來，總會有人停下腳步多看幾眼。我心裡不禁出現一個有趣的問題：「到底是因為加菲貓太胖，必須多晾幾天才會乾？還是，這根本是店家**喚起潛在需求**的一種方式？」

其實從銷售的角度來看，**賣方的許多作為，的確可以引導出客戶的潛在需求**。不只是洗衣店，各行各業的銷售員都需要這樣的技巧，它是促成交叉銷售和向上銷售的必備技巧。

舉例來說，一名Ｂ２Ｂ業務人員出現在客戶面前時，他所處理的銷售機會，不應該侷限在手上的詢價單。如果，他充分了解自己公司所有的產品組合，以及客戶需求的各種可能性，潛在商機就變得非常龐大。

所以，同樣一家客戶，格局小的業務員只圍繞在單調的項目和價格打轉，格局大的業務員，卻可以從兩家公司（買賣雙方）的商業模式切入，找到資源互補、共創雙贏的空間。

業務專業百科

- **交叉銷售（cross-selling）**

就是發現現有客戶的多種需求，並通過滿足其需求，而實現銷售多種相關的服務或產品的行銷方式。交叉銷售在傳統的銀行業和保險業，作用最為明顯（做你的房貸，順便要你買保險），因為消費者在購買這些產品或服務時，必須提交真實的個人資料，這些數據可以用來進一步分析顧客的需求，作為市場調研的基礎，從而為顧客提供更多更好的服務。

- **向上銷售（up-selling）**

根據既有客戶過去的消費喜好，提供更高價值的產品或服務，刺激客戶做更多消費。如向客戶銷售某一特定產品或服務的升級品、附加品，或其他用以加強其原有功能，或用途的產品及服務，也稱為增量銷售。

這裡的特定產品或服務，必須具有可延展性，追加的銷售標的與原產品及服務相關甚至相同，有補充、加強或升級的作用。例如：汽車銷售公司向老客戶銷售新款車型，促使老客戶淘汰舊車。

特別是在有關係企業體的集團公司，一名B2B業務人員，除了可以銷售自己部門的產品，也可能銷售其他事業部的相關產品、服務、解決方案，端看他有沒有足夠的格局、扎實的專業知識來媒合商機。

而這就是為什麼在B2B市場，業務人員創造出來的價值，可以天差地別。在多數B2B銷售情境中，限制銷售機會的關鍵因子，不是市場的餅有多大，而是業務員的格局有多大、眼光有多準。從事務機器、機械設備、電子零組件、代工業務、專業服務等，我所經歷的產業實務，一再驗證這個道理。

B2B業務絕學

挖出多少顧客的潛在需求，決定你能創造多少獲利。

8 計程車算哪一行？別把自己看窄看扁了

許多業務員被限縮於產業的框架，實際上，B2B業務賣的是解決問題的能力，而能結合不同產業創造出更大利益，正是這一行的潛在競爭力！

由於從大陸起飛的班機嚴重誤點，降落桃園機場時已經是凌晨。走出機場大廳的我疲憊不堪，感覺連抬行李的力氣都很微弱。好在這時計程車司機一個箭步，就把我手上的行李接過去，俐落的放入後車廂。

車子啟動之後，司機大哥沒有馬上開口詢問我要到哪裡，只是先往機場聯外道路行駛。我猜想，他從後照鏡注意到我正在整理皮夾、確認手機在哪個口袋，同時把手邊的電腦包擺好。刻意等我就定位後，他才開口和我交談。即使是他這樣很小的等待舉動，也讓我感覺受到尊重。

看我穿著西裝，他說：「剛出差回來台灣吧？辛苦了。」

「是啊，結果竟然遇到班機誤點，晚了三個多小時才到，真是累人。」我苦笑。

「先生要到哪裡呢？」他接著問。

「台北市的內湖路，謝謝。」從我低沉的聲音，他大概也聽得出我疲累的程度。

回答完後我把眼睛闔上準備休息，他又接著問：「先生，到內湖路的哪裡、哪個路口呢？」

過去我習慣接近目的地（內湖）才指出確切位置，雖然有些不理解為什麼車子還遠在桃園，這位司機大哥就問得這麼詳細，不過我還是向他說明了。

確認好目的地後，司機大哥接著對我說：「這樣我清楚了。您可以好好睡覺，我中間就不會再打斷您休息。車子到巷口我再叫醒您。」

原來，他是不想開到市區時又打斷我休息，希望幫我保留完整一點的休息時間。經他這麼一解釋我才知道，問地址的時機，也能體現出司機對服務的用心與否。看似普通的招呼乘客，其實也藏著大學問。

會有這麼深刻的感受，可能是我幾天前，才在中國大陸搭過計程車的緣故。那是製造業剛進駐、正在開發中的二級城鎮，生活環境類似二十年前的台灣。雖然上海、北京的物價水平，早已在亞洲名列前茅，但是，中國仍然有許多生活條件落後的地區。從這些地區的市場現況，正好讓我們省思過去台灣的服務業，從哪裡走到今日，明日又可以往哪裡前進。

在那個中國工業區裡，有許多計程車（出租車），但是，多數車子的外觀和內裝，都十分老舊而且座位狹小。幾次我向當地司機問路的過程，可以感受到他們的態度並非不友善，而是他們從來不認為，態度是服務的一部分。更遑論是某些司機穿著內衣、拖鞋在駕駛，看了讓人啼笑皆非。

在他們的觀念裡，計程車可能是單純的運輸業，和服務業沒有什麼關聯。

我心想，若我是當地長期以開車為業的司機，當視野只放在眼前、只放在滿街水平類似的同行，可能也會認為，這就是計程車行業應有的模樣。我可以做的努力，充其量就是拉長開車時間，比同行多載一些乘客、多賺幾百元人民幣。但是，如果把場景拉到台北、上海甚至東京，我一定會恍然大悟，一個行業可以有更大的樣貌和格局。

不過，我相信幾年之後那個城鎮，包括計程車在內的許多行業，都會有不同面貌，就像中國許多進步快速的地方一樣。就看哪些人先見到行業未來的模樣，哪些人先走在前頭。

而台灣在勞力密集的製造業外移後，服務、醫療、餐飲這些內需產業也要升級，才能成為未來經濟的中流砥柱。我們不必消極、悲觀的歸咎於台灣的邊緣化或空洞化，因為，我們的產業與市場應該還有更高價值、更多發展空間掌握在自己手裡。只怕我們自己給了框架，只怕我們看不到、不敢想未來該有的模樣。

因此，不要把自己經營的市場看窄、看扁了，向不同市場學習（通常是觀察消費水平更高的國家），或是向不同行業借鏡，都可以找到提高價值的可能性。就怕是我們自己的視野只停留在有限的框架，那麼再怎麼努力恐怕也都有成長的極限。

車子快到家時我睜開眼睛，眼前的液晶螢幕正在播放短片和廣告。螢幕下方的椅背，除了雜誌之外，還有幾種供人索取的產品優惠券。仔細思考，有如此多商業活動，已經悄悄進入這個原本被視為「交通工具」的平台上。我想，這是身處鄉村的計程車司機，可能想像不到的行業畫面，如果他們繼續自我設限的話。

至於這個平台有沒有更多價值、更多可能性存在呢？我想是有的，但是那也要我們不自我設限才行。而且不只是計程車，各行各業都是如此。

B2B業務絕學

把市場從平面變立體，到哪裡都能挖掘出商機。

第2部

從客戶管理到團隊領導，當上老闆順理成章

第4章

這年頭客戶懂得比你多，你能憑恃的就是軟實力

1 經營社群，但注意：流量不等於質量

B2B的產業特性就是，雖然你服務的是眼前的客戶，但實際上，你是在幫助對方把產品，賣到他的客戶手上。

如果，你把臉書（Facebook）單純定義為B2C品牌的行銷平台，看一下埃彼穆勒——快桅集團（Maersk Group，簡稱為快桅）的粉絲專頁，可能會令你大為改觀。

快桅的總部位於丹麥哥本哈根，從一家成立於一九〇四年的海運公司，發展成為跨足造船、石油、天然氣、航空、製造業的集團，在全球一百三十個國家，有十二萬名員工。這個以B2B業務為主的集團經營的臉書社群，目前的粉絲人數已超過一百七十萬人。而這家老字號的歐洲企業，從二〇一一年才開始經營社群媒體。

快桅集團在社群媒體的活躍程度與經營成效，反映出一個事實：「**行銷環境的改變**，是所有產業必須正視與因應的趨勢，即使是傳統產業也不例外。」

傳統企業較熟悉的行銷管道，像是：展覽、平面廣告、電話行銷等，有越來越高的比重，被數位媒體所取代。因此，企業在經營品牌時，沒有深入了解數位媒體的環境和趨勢，成效一定會大打折扣。

除了體認到行銷環境的改變，我們還要了解到第二個事實：**客戶開口詢問的第一個對象，不是業務人員**。如果你是一名工程師，想知道目前使用的軸承，有沒有更好的設計，你不會拿起機械產品供應商的電話簿，就把銷售員找來。你的第一個諮詢對象，通常是搜尋引擎，不管是基礎機械原理的介紹、產業和市場概況、主要供應商的評價等，Google 變成最友善、最有效率的初階顧問。

因此，不管是B2B還是B2C企業，數位化行銷策略的擬訂更顯重要。例如：行銷平台的選擇、網站內容的架構、白皮書的設計與運用等。對數位行銷不了解的公司，也無法理解到自己有多少損失。因為，他們連跟目標客戶第一次接觸的機會都沒有。

第三個事實是：「**深度經營顧客關係，比盲目衝刺曝光率來得重要。**」在媒體平台大幅增加，但是內容品質大幅下滑的今日，凡事只看流量的結果，就是媒體對大眾寓教於樂的角色被混淆了。既然一切只看收視率與點閱率，那麼似乎變成，觀眾來教育媒體（該放什麼內容），而不是媒體來為觀眾篩選訊息。

行銷也是同樣的道理。如果行銷人員只計算廣告預算接觸到的潛在顧客數，但是對顧客關係、品牌價值的經營見樹不見林，行銷和業務工作就變得很匠氣。短期可以增加銷售金額的事情，並不保證長期能累積品牌價值。

因此在深度經營顧客關係上，我們應該注意幾個重點。第一，重新認識及評估你和顧客溝通的管道，從舊時代的電話、傳真、電子郵件，到現今的社群網站、通訊軟體等，企業決策者應該全盤了解後，再把資源放在最適合的平台；第二，加強企業數位化、電子化的溝通能力，紙本資料數位化、文字檔案影音化已經是必然的趨勢；第三，深度耕耘顧客的質（而不是量），行銷和業務人員必須要回答：我們為什麼可以留住顧客（why），而不只是我們留住多少顧客（how many）。

在台灣轉型的過程，如何做到「看長不看短」，對政府、企業和個人來說，都是最重要的課題。

B2B業務絕學

深度經營顧客關係，比盲目衝刺曝光率來得重要。因此行銷和業務人員應該要回答的是：「我們為什麼能留住客戶？」而非「我們留住多少客戶？」

2 當客戶能查到一堆資訊，你就賣他知識

以往，業務扮演資訊提供者的角色，但現在，客戶對於動手指就能搜尋到的訊息毫無興趣，除了議價空間，你還有什麼籌碼讓對方買單？

「在現今的市場環境，業務人員的角色產生了什麼轉變？」這是各種不同產業的客戶，不約而同會和我提起討論的問題。

讓我們思考市場特性有什麼改變，朝什麼趨勢發展。

若是回溯到最早期生產導向時代，製造技術可以創造差異化、形成競爭優勢，產品的硬體就扮演了相對重要的角色。十年前談到筆記型電腦、行動電話和數位相機，我們會討論影像畫素和組裝品質，因為這都是造成差異化的重要因素。如今，它們已經變成基本條件和入場券，就像沒有人會再談，轎車的窗戶是手動還是電動一樣。

當硬體在交易過程中創造差異化的空間變少，業務人員必須扮演越來越重要的角

色，靠強勢產品的拉力來開拓市場、坐享其成的機會不復見，商業活動的價值更依賴「人」的元素。從售前服務、產品展示到售後服務，人際溝通的軟實力，遠比硬體來得關鍵。

其次是，由於資訊爆炸，讓業務人員靠資訊不對稱，獲取利潤的空間越來越小。在舊時代、低價值的業務活動裡，只要找到外行的買家，就有機會創造「超額利潤」。但是在網路時代，從衣服、鞋子到汽車、房子，都可以在**網路上找到大量的產品資訊，買家大多成了玩家和專家。有趣的是，因為進入市場的門檻降低，反而是外行的賣家越來越多了。**

業務人員若是無法建立足夠的專業水準，手中的產品不如交給網路或販賣機銷售，這些機器和工具都是很稱職的資訊提供者。然而，客戶更需要業務人員扮演的，應該是價值提供者和資源整合者的角色。

若是你發現自己費盡力氣、千里迢迢的拜訪重要客戶，但是一場會議結束後，傳達的資訊盡是官方網站、產品型錄上的制式內容，也沒有產生足夠的附加價值，這絕對是很大的警訊。這一類業務人員，在市場上的競爭對手不是同業，在職場上的競爭者也不是同事。和他們競爭的可能是網站或販賣機，被取代性是高或低，可想而知。

深耕品牌比拓展通路重要

綜觀以上市場環境的轉變，我給企業經營者和業務人員的建議是：「**深耕品牌比拓展通路重要。**」

這裡指的「品牌」不限於產品的品牌，而是包括企業品牌、個人品牌；而通路也不只是陳列商品的通路，它泛指企業與供應鏈夥伴之間、業務員與客戶之間的網絡關係和連結程度。

舉例來說，大量拜訪客戶是一種延伸人脈、擴大「通路」的方式。但若是業務員只著重在表面的銷售話術，無法提供真正的價值或贏得客戶的信任，即使看得到短期的業務績效，對他個人的品牌價值累積毫無幫助。

好比一個社群網路，可以透過行銷工具累積甚至購買粉絲，建立產品曝光的「通路」。但若是它沒有能力與社群粉絲建立信任感、產生具有溫度的關係（情感），再廣的通路、再多的粉絲也無法轉變成為商機。這正是許多行銷門外漢不了解，大量的置入性行銷正在如何傷害自己的品牌。當然，那些感到厭煩的目標顧客，只會選擇離去或沉默，而不會給予意見回饋。

身為一名B2B業務人員，建立個人品牌的最重要方式，還是回歸到個人專業的培養，而我們又可以分類為對產品的專業知識、對產業環境的專業知識，以及對流程的專業（生產製程、運輸包裝、付款方式、訂單處理等）。舉例來說，如果你銷售的是機械零件，那麼除了必須對零件本體的構造、功能、應用瞭若指掌，也要了解產業上下游的廠商狀況、發展趨勢，同時對產品相關的物流、金流、資訊流有充足的研究。如此在面對客戶時，就不會是一名只會談論價格的報價員，而是能夠以專業知識，帶給客戶附加價值的顧問。

我們也可以說，品牌真正的價值，來自它在顧客心中創造的「心占率」（mind share）。不管是個人所建立值得信賴的聲譽，或是一個名稱讓人聯想到的高品質、豐富創意，甚至是深厚情感。

人心，才是最大的通路。

B2B業務絕學

業務人員若是無法建立足夠的專業水準，手中的產品不如交給網路或販賣機銷售，這些機器和工具都是很稱職的資訊提供者。然而，客戶更需要業務人員扮演的，應該是價值提供者和資源整合者的角色。

3 貴公司的客服，得罪的人比服務的多嗎？

顧客導向這個名詞，它真的不是裝設幾支客服專線這樣簡單的事，這也是為什麼在便利商店林立的現在，我們仍會想起小時候巷口的那間雜貨店。

傳統的腳踏車店，是許多人小時候共同的回憶。而我們和店家的情感建立，大多是在買了一台腳踏車之後開始。

二十年前的腳踏車品質不穩定，所以不時都要回到店家為輪胎充氣、調整走位的鏈條，或是重新把螺絲栓緊。在每一間社區型的小店，老闆不但會關心你的腳踏車，還會跟你聊社區的大小事。有時候實在分不清，我們回到店裡是為了把輪胎充飽，還是為了熟悉的人情味。

現在的腳踏車市場變了。

國際連鎖品牌百家爭鳴，大幅提升了腳踏車的品質、形象，然後也把金字塔頂端的價格拉高了好幾倍。我想這個產業的品牌廠、通路商，在做了巨額投資之後，一定認為顧客關係也變得更好。至少，管理報告上是這樣說的。

實際上顧客的感受如何，我的朋友曾與我分享他的體驗。

在他買了生平第一台上萬元的腳踏車後，不到一周的時間回到店裡，詢問遺漏的配件。店員光是確認他的顧客編號（以及姓名），就在電腦前面站了超過五分鐘的時間。

這聽起來的確是糟糕的表現，因為一秒鐘就叫出我名字的阿叔（兒時記憶的車店老闆），績效是他的三百倍。

然後，在店員生澀的說明之後，他收到一本印刷精美的配件使用手冊，以及店員尷尬的笑容。這個笑容好像在暗示：「你應該自己上官方網站，那裡的資料應有盡有。」

接著，他又給了我朋友一支總公司的免付費客服專線。這更像是要說服我朋友，一個店員面對面溝通都說不清楚的問題，打到給客服能得到更好的解答。

說到這裡，我們都同時想到那些，與線上客服雞同鴨講的痛苦經驗。

我笑了一笑對我的朋友說，這就是我愛好運動，但是長大後對單車興趣缺缺的原因，我是一個怕麻煩的人。

客製化的服務，真的服務到客戶了嗎？

企業營運規模擴大之後，到底是拉近和顧客的距離，或是和顧客漸行漸遠，是一個值得管理者思考的問題。

有一年我以新到任營業主管的身分，去向所有重要客戶拜碼頭。由於當時我服務的公司有數十年歷史，和這些大客戶都存有革命情感，他們也願意對我說真話。

不只一位客戶告訴我：「你們公司過去在草創時期，部門、員工雖然少，但是處理問題的速度、態度和熱忱，比現在好太多了！」接著，總是抱怨一個簡單的問題，在透過層層把關、處理之後，反而是越弄越糟糕。

被組織管理觀念制約的我，當下沒有太強烈的感受。我的部門每一位業務人員，都必須管理許多客戶，而我也願意盡力做好對內、對外的協調工作。這種顧客聲音是常有的事。

但是我也反問自己：「這到底是客戶一貫的抱怨方式（甚至是給空降主管的下馬威），或是我們應該正視的嚴肅問題？」

然後，我想起了自己腳踏車店的經驗。

顧客真的不在乎那些連鎖品牌，投資多少錢在門市裝潢、廣告行銷；車款、配件種類太多，使得異動頻繁的店員，沒有辦法做好銷售說明，也不是顧客的問題。我的感受誠實的告訴我，在阿叔退休結束腳踏車店生意，這個產業走向國際化、企業化之後，我和腳踏車店的情感消失了、距離變遙遠了。

就像這些向我抱怨的客戶描述的一樣，企業或品牌在擴張規模的過程，更多的資金、人力、資源，反倒是築起與顧客之間的一道高牆。

這道牆是由自圓其說的企管理論、效率極大化的流程設計，以及許多關心自己比關心顧客還要多的員工所組成。更諷刺的是，高牆頂端再插上一支「顧客導向」的旗幟。不知道那些高牆底下的顧客，看了是什麼感受？

我從做為一名消費者的自身經驗，回過頭來看自己，在扮演服務提供者時的表現，這才驚覺顧客導向是多麼知易行難的事。

這寶貴的一課告訴我，當客戶抱怨我們太過官僚、問題處理太慢、服務不符期待時，應該試問自己，是否掌握了任何生意最初成功的核心價值，應該是把顧客需求放在第一順位。

在公司只有五個人的時候（草創階段），我們會如何服務客戶；在員工人數成長到五百個人時，我們又是如何服務客戶。更多的員工、更高的預算、更大的辦公室，是讓我們的客戶得到更好的服務？還是把自己的舒適圈建立的更堅固？

業務專業百科

● 顧客導向（customer-oriented）

所謂顧客導向，是指企業以滿足顧客需求、增加顧客價值為企業經營出發點，在經營過程中，特別注意顧客的消費能力、消費偏好以及消費行為的調查分析，重視新產品開發和營銷手段的創新，以動態的適應顧客需求。它強調的是，要避免生產脫離顧客實際需求的產品，或對市場的主觀臆斷。

一個服務的提供者，若願意用這些問題來檢驗自己，就會發現顧客導向，是多麼需要謙卑的態度。他需要業務人員在研發設計、生產製造、銷售服務的各種情境中，丟棄供應商的本位主義，不斷回到顧客的角度去思考（並經常請教顧客），如何提供更有價值、更貼近需求的產品，或者是如何透過細微的流程改善，讓顧客得到更快、更便利的服務。顧客導向這個名詞，它真的不是裝設幾支客服專線，這樣簡單的事。

任何企業在規模仍小的時候，做了一些對的事情，獲得顧客的肯定與支持。從這些小成功邁向大成功的過程，千萬不要遺忘了那些當初支持你、讓你成長的顧客，以及「阿叔的精神」。

B2B業務絕學

顧客真的不在乎那些連鎖品牌，投資多少錢在門市裝潢、廣告行銷；車款、配件種類太多，使得異動頻繁的店員，沒有辦法做好銷售說明，也不是顧客的問題。企業或品牌在擴張規模的過程，更多的資金、人力、資源，反倒是築起與顧客之間的一道高牆。千萬別讓顧客導向，成為你與顧客之間的最大阻礙。

4 讓客戶離不開你的軟實力

工作上看似毫不起眼的小事，反而是建構軟實力最重要的基礎，它沒有辦法用標準作業流程定義，也很難用關鍵績效指標衡量。

二〇一三年，惠普（HP）兩度傳出個人電腦與印表機部門（PPS）出售的消息，同時聯想（Lenovo）也傳言，有意提高筆記型電腦的自製比率，這些都是將在未來幾年，衝擊台灣電腦代工產業鏈的負面訊號。

我向幾位電子業的朋友表示，台灣產業的變化只會來得更大、更急。過去我舉超商的通路威力為例來說明時，他們的感受不那麼深刻，或者覺得事不關己。畢竟超商只和食品、民生消費品畫上等號。

但是當 7-eleven 要賣保險的新聞見報，任何非金融背景的人都能想像，它的跨產業衝擊。原來水平競爭、垂直競爭不是教科書裡面遙遠的案例，也不是只會發生在自己產業內的事情。

接著，我和這些專精於品質、成本、速度的專家，談到一個原本也與他們無關，但是又頗熱門的名詞：軟實力。

如果我們把軟實力限縮在文創產業，我想過幾年後又會發現，這是一個狹隘的定義和誤解。於是我試著從生硬的工業產品，分享我對軟實力的看法。

當我第一次接觸國外業務的工作，是帶著邊做邊學的心情。那不僅是一個需要重新學習的領域（機械產業），也是全新的工作性質：面對不同語言，而且大部分時間，還要面對連面都見不到的國外客戶。

對於當時工作歷練還很淺的我，當然很難在產業或產品的專業知識上，展現價值。於是我期許自己，盡可能將每一件自己可以掌握的小事，做到最好。

有一次某家澳洲的經銷商客戶，運轉中的機器發生故障，非常著急要確認某一機種的馬達型號。為了防止雞同鴨講，他還將型號在馬達上的相關位置，畫在紙上、傳真過來。

由於我們生產的機械產品種類很多，標準的確認流程，是將客戶問題轉到技術部門，取得工程師書面回覆後、再轉給客戶。在傳統分工的組織裡，這大概也是最安全的做事方法。但是遠在澳洲的那一端，要得到答案可能是一至兩個工作天之後了。

我想起最近一批出口的產品可能有相同機型，於是決定到出貨碼頭的暫存區，試一試運氣。當下我只有一個想法：「關於這件小事，我可以用多快的速度完成？而不是躲在組織分工的保護傘裡面，慢條斯理的去處理一個客戶火燒屁股的狀況。」

我拿起相機，從業務部辦公室，直奔建築物另一端的出貨碼頭，然後很幸運看到一樣的機型。將客戶需要確認的資訊拍下後，再飛奔回到我的電腦桌前。不明究理的同事與我在樓梯間擦身而過，還以為內部發生了什麼緊急事件。

結果，我讓客戶在一個小時之內，收到他需要的資訊，然後過了幾分鐘，我接到從澳洲打來的電話。

客戶告訴我，他在機械產業這麼多年，第一次遇到廠商以這種方式和速度，為他處理問題。原本預計停擺的工作，可以在短時間內恢復運作，減少了很多損失。當時我的英文聽力還不夠好，加上他強烈的澳洲口音（以及略顯激動的語氣），電話上有一些表達其實並不全然理解。但是我很清楚，他真的非常高興及感謝。雙方信任感的建立，更是無價、永久的資產。

這是好幾年前發生的事。直到我轉換不同產業和工作，有機會擔任管理職，並具備更多策略思考的能力，我還是認為**這些重要的小事，是建構軟實力最重要的基礎**。它沒有辦法用標準作業流程（SOP）去定義，也很難用關鍵績效指標（KPI）去衡量。如同人與人之間的信譽和信任感，都是金錢買不到的，所以才稱得上是無價。

業務專業百科

- **標準作業流程（Standard Operation Procedure，SOP）**

又稱為標準操作程式，就是將某一事件的標準操作步驟，並要求以統一的格式描述出來，用來指導和規範日常的工作。標準作業流程的精髓，就是將細節進行量化，用更通俗的話來說，即對某一程式中的關鍵控制點，進行細化和量化。

GAP在標準作業流程外的貼心服務

我有一位女性友人，在日本大型商場的GAP服飾專賣店，也曾有過一次難忘的購物經驗。

當她買完衣服準備離開時，店員主動詢問是否要為購物袋「穿雨衣」。她遲疑了一下，擔心自己的日文聽力有問題，再一次向店員確認：「你是說，幫我手上的這一只購物袋穿雨衣？」

只見這名日本店員，拿出另一個透明的塑膠袋，套在原本的紙質購物袋外面，果真成了一件非常合身的雨衣。她帶著一點驚喜，卻也疑惑的詢問店員：「一個小時前進入商場時，戶外並沒有下雨，為何認為購物袋需要防水？」

店員笑著表示，觀察到幾分鐘內進入商場的顧客都拿了傘，於是推測戶外正在下雨。接著還特別提醒她，從哪一個出口離開商場大樓，可以走到最近的公車站，減少在雨中步行的路程。

這一個小小購物袋的雨衣，在她的心中留下很深、很久的印象。她甚至已經不記得那一件衣服的標價，但這個備感窩心的舉動，讓她過了很多年，還是樂於一再的分享給身邊朋友。

業務人員的軟實力究竟如何養成？巨觀來說，要能判斷自己在產業鏈中，對客戶的意義何在、價值何在。微觀來說，對客戶需求的了解與滿足，必須從產品、硬體的表層思考，提升到整體採購、消費流程的心理層次。不管情境是在日常的民生消費產業，或是冰冷的工業產品。

上述服飾店員的體貼精神，當然也可以適用在Ｂ２Ｂ領域。Ｂ２Ｂ業務人員也可以扮演一日客戶，從詢價、議價、下單、收貨、安裝、維護等完整流程，試著思考客戶還有哪些不方便待改善，像是表單太複雜、流程太冗長、資訊不夠清楚等，再把這些待改善的空間拿到內部會議討論，這就是Ｂ２Ｂ業務人員為客戶創造的價值。

B2B業務絕學

即使有優越的溝通能力、斡旋本事，甚至擁有強大的數字能力，但若無法了解客戶的實際需求，耐心對客戶解釋行銷策略等，把這些例行小事做到位，客戶絕對不會放心把訂單交給你。

5 外圓內方，不降價、不屈從拿下訂單

客戶認為價格太高、產品不夠好，同時要求交期更短、付款天數更長。如果你正為這個客戶不可理喻，甚至正準備放棄，告訴你一個祕密：世界上其他九九%的客戶都會提出一樣的要求。

我一直認為中國古代錢幣的形狀（外圓內方），蘊藏一名成功商人需要具備的智慧。即使經過不同時空和商業型態，它依然適用。

乍聽之下完全與業務無關。沒有關係，先從我這個現代人，和工程師一起拜訪客戶的經驗談起。

當我們帶著設計圖找客戶討論的時候，研發團隊已經連續熬夜奮戰好幾周，為的就是產出符合客戶需求的設計圖，好讓產品開發可以順利進到下一階段。

想不到會議一開始，客戶提出了許多新的想法，推翻原本聚焦的設計邏輯。先不論

雙方已經投入多少成本，就整體研發方向來看，這實在存有思慮不周的風險。

「你確定要做這樣的變更？我覺得不符合邏輯。但是如果你堅持，我沒有意見！」我們的工程師沉不住氣，用略帶強硬的口氣向客戶表達抗議。表面上看似配合客戶的要求，實際上卻是非常不正確的應對。我建議暫停討論，休息五分鐘。

接著我在茶水間告訴工程師，剛才「外剛內柔」的溝通方法是錯誤的，顯現在外的表達太過強烈（剛），但是內在的原則又太過善變（柔）。而他也同意收起不悅的情緒，讓我來主導會議的對話。

身為非技術背景的專案主管，我對自己合作多時的工程師很有信心。在簡單交換意見之後，決定維持既有的設計構想。

回到會議室，我先對剛才緊張的對話氣氛致歉。然後很委婉的建議客戶，是否再花些時間評估我們的提案。同時再次說明，這樣的設計是基於哪些資訊所做出的判斷。

幾天之後客戶在電話上告知，他收回變更的意見，也謝謝我沒有讓他在主管面前下不了台。客戶贏了面子，這個專案贏了裡子。

態度柔和，原則剛強

這是一個很典型的例子，說明溝通方式硬與軟、剛與柔之間拿捏的重要。

我們很容易不自覺與客戶的異議正面衝突。客戶認為價格太高、產品不夠好，同時要求交期更短、付款天數更長。如果你正為這些議題和客戶拉鋸，告訴你一個祕密：世界上其他九九%的業務員都面臨一樣的問題。

若是你因此失去耐性，甚至**和客戶爭論誰比較聰明，那絕對會變成最後的輸家**。與客戶的溝通語言，應該保持柔軟與彈性，因為付你薪水、讓你的公司可以在市場上生存的是客戶，而不是你的主管。這是「外柔」的重要。

另一方面，只要你夠深思熟慮，提出的專業意見理論上不會隨意改變。如果因為客戶的一句話，費心籌畫的提案立刻翻盤，那麼不是客戶的意見不夠成熟，就是你的企畫能力不夠成熟。

舉例來說，我們都遇過不堅持價格、短時間大幅降價的業務員。他們通常得不到實在的評價，不是嗎？同樣的道理，如果你肯定自己的產品和服務，為客戶帶來真正的價值，**提出的報價就要經得起檢驗，不會輕易動搖**。這是「內剛」的必須。

這跟古代的錢幣有什麼關聯呢？

一般人看到它外圓內方的造型，會認定這是便於鑄造的設計。而我卻以為外圓內方的錢幣形狀，和外柔內剛的業務性格，有異曲同工之妙。

這兩件事情如果不是巧合，就是老祖先要教導我們一些商場道理。

B2B業務絕學

我們很容易不自覺與客戶的「異議」正面衝突。若是你因此失去耐性，甚至和客戶爭論誰比較聰明，那絕對會變成最後的輸家。與客戶的溝通語言，應該秉持「態度柔軟，原則剛強」的柔軟與彈性，因為付你薪水、讓你的公司可以在市場上生存的是客戶，而不是你的主管。

6 上網、筆戰能力太強，別來這一行

業務工作需要大量的與人接觸，
因為「當面溝通」，永遠比「書面溝通」來得有效率且有價值。

網路世界給人們太多錯覺，事實上，虛擬世界所建立、累積的許多東西，在現實生活是完全派不上用場的。因此一個習慣活在網路世界的人，進入到現實社會肯定會面臨許多矛盾。尤其是從事與人接觸的業務工作。

網路世界的人氣，創造出一種人際關係的海市蜃樓。好像在網友之間有辦法創造高人氣，在真實世界就會成為受歡迎的人。殊不知有多少螢幕前的人氣王，現實生活卻是「讓人非常生氣」。簡單來說，「能寫」跟「能說」，兩者並沒有絕對的關聯。

我曾經帶過一個「筆戰」能力很強的業務員。不管是對內的跨部門協調，或是對外的客戶溝通，他在電子郵件中都非常勇於表達意見，也擅長找各種佐證資料來強化論點。從文字表達來看，他是一位積極又強勢的溝通者。

但是在內部會議時，別人發言他東張西望，有時甚至低頭不理。面對問題只有消極抱怨，討論對策的時間就雙手一攤、毫無意見。從語言、語調、表情、手勢來說，他的溝通能力完全不及格。

有一次重要的客戶來訪一起用餐，這位業務員除了談論工作之外，只會埋頭吃飯。從一個在網路世界用詞犀利的人，變成真實世界裡，不善言語的宅男（女）。餐後客戶不斷詢問我，這位同事是不是心情不悅，甚至對他們有所不滿。讓我既尷尬又抱歉，怎麼說也解釋不清。

所以，如果你在網路世界感到比較自在，也認為有一天會全面占據人類的生活，打算長期躲在網路的舒適圈中，那可千萬別選擇業務工作。

業務工作需要大量的與人接觸，因為「當面溝通」，永遠比「書面溝通」來得有效率且有價值。否則視訊會議設備的投資，老早就取代昂貴的出差通勤預算。

多年前我經常出差上海，協調自己團隊與客戶間的設計問題。某次專案結束我和公司同事聚餐，聊到離家工作的甘苦。

一位工程師A君抱怨，公司所有的設計圖、研發檔案都存放在共用資料庫，網路和電話又這麼方便，為何還要讓這麼多人長途跋涉來開會。大夥點頭如搗蒜之餘，接著聊起這一次讓團隊風塵僕僕來除錯的導火線。

就在大家討論的興致越來越高，逐漸抽絲剝繭找出元凶的過程，A君的聲音越來越小、頭越來越低。原來設計問題錯誤的源頭，竟然是起因於一個基本觀念的溝通錯誤。而這個錯誤，正是A君光用電話溝通造成的。這大概是我第一次看一個人在短短幾分鐘內，從滿口抱怨到滿臉尷尬的一百八十度大轉變。

人際互動與溝通能力，我不會說它是一件容易的事。但是只要願意學習、累積經驗，它絕對會變成有趣、有用的能力。我們可以用許多的五分鐘小練習，來加強自己的表達技巧。

如何練習？你可以找一段你覺得很棒的公眾演說影片，或是請一位你欣賞的溝通高手，花五分鐘向你說明一個概念。把聽到的重點條列在紙上，然後試著自己練習表達。

可以想像，一開始你會有好幾次失敗的五分鐘。但是沒有關係，它的時間不長，你可以盡量多失敗幾次。不管表現有多麼差勁，記得都要堅持把話說完，讓自己的缺點突顯出來並不是壞事。

持續重複的練習，讓鏡子或朋友當你最佳的教練，甚至用錄音筆、錄影機將過程記錄下來，反覆觀察自己。不斷修正缺點、調整風格，你的表達溝通能力就會逐漸進步。

這些情境需要的溝通技巧，從線上遊戲可永遠學不會。

B2B業務絕學

找一段你覺得很棒的公眾演說影片，或是請一位你很欣賞的溝通高手，花五分鐘向你說明一個概念。把你聽到的重點條列在紙上，然後試著自己練習表達。一開始你會有好幾次失敗的五分鐘。不管表現有多麼差勁，記得都要堅持把話說完，讓自己的缺點突顯出來並不是壞事。重點是，多累積幾個五分鐘，你能得到很棒的自己。

7 你的服務是照規定來，還是照溫度來？

若不想淪為只懂得用標準服務流程經營客戶的業務，你要掌握顧客關係管理的關鍵五T。

現代人對垃圾郵件的耐心越來越低，不管是在電子信箱，還是在樓梯口，那個被廣告傳單淹沒的信箱。

同時，這也突顯一個事實：在各種傳統和數位媒體管道相繼崛起之際，許多廠商不知道如何有效和顧客溝通，也就是在對的時間、將對的訊息、傳達給對的人。

有一次，我到銀行處理帳戶問題，在座位上等待叫號。突然間想到朋友向我提過黃金存摺，於是我走向放置表格和傳單的展示櫃，想要找一找相關的商品資訊。

讓我感到沮喪的是，遠看資料豐富的展示架，近看卻是擺滿雜亂無章的文宣品。那些顏色令人眼花撩亂的傳單，感覺不像是來自同一家銀行的文宣品。這表示他們的企業識別系統策略，並沒有落實在與客戶最接近的現場。

結果，我在展示架前遍尋三分鐘，仍找不到想要的資訊，便失望的走回座位。

這時，一位拿著水壺的服務人員走過來，詢問需不需要加茶，我對她搖搖頭說聲謝謝。很顯然她在開口之前，並沒有注意我手上的紙杯仍是滿的。至於我在資料展示區的無助和空手而回，似乎與她無關。她只是非常負責的做好分內工作，詢問每一個人：「需不需要加茶水？」

最後，輪到我的服務燈號亮起，我期待櫃員對我剛才在資料展示區的舉動，展現多一點點的觀察力和敏銳度。然後，她一開口便給了我答案：「先生，要不要參考我們的基金產品？」

頓時間，我剛才遍尋不著黃金存摺資料的尷尬舉動，變得一點也不尷尬了。因為那三分鐘內，根本沒有人在乎我。

以上是我作為一名顧客時的親身感受。要是從顧客關係管理、服務流程優化的專業角度來分析，更是讓我不自覺的捏把冷汗。

顧客關係管理的關鍵五T

在媒體和資訊爆發性成長的時代，所有公司都有必要，重新檢視自己和消費者溝通的方式。特別是規模龐大、歷史悠久的企業，過去的運作模式，並不能保證未來的成功。當社群媒體、數位工具大舉進入生活當中，供應商和消費者之間溝通的管道、使用的語言，都值得重新校正。

因此，我將數位時代顧客關係管理的聚焦方式，歸納成為五個T：

一、鎖定目標客群（Target customer）

這是所有企業必須不斷詢問自己的問題：我的目標顧客是誰？他們有什麼樣的生活型態？他們喜歡什麼樣的溝通方式？

二、慎選溝通工具（Tool）

確認目標客群，是為了選擇最適當、有效的溝通管道來互動。

從傳統的企業網站、社群網站、電子郵件、電話、簡訊、即時通訊軟體、實體郵件，到業務人員的直接登門拜訪，每一種溝通方式，就像我們和顧客之間的橋梁。

我們要評估各種橋梁的特性（例如：電子文宣的成本很低，但效果低；登門拜訪的效果最佳，成本也最高），然後選擇最適合的路徑。

三、選定最佳溝通時間點（Time）

假設一名顧客一年造訪門市三次，每次停留一小時。那麼他一年之中在門市以外的時間，是他停留在門市內的近三千倍之多！（三百六十五天×二十四小時／三小時）

簡言之，要擴大心占率（mind share），就不能在顧客生活中的重要時刻缺席。除了售後一周內的追蹤與關心，我們還打算在哪些時間點出現？生日、聖誕節、保固到期日前，都是不錯的選擇。重點是，**在非交易的時間主動接觸顧客，而不是被動的處理問題**，或是天真的認為，顧客有需求一定會主動找上門。

業務專業百科

- **心占率（mind share）**

心占率意指談及某產品或產業的關鍵字時，品牌會被提及的比例。如提到「手機」此關鍵字，消費者同時提及 iPhone、HTC等品牌的比例。

四、客製化訊息（Tailor-made message）

有數千萬人曾在歐巴馬競選期間，收到他的簡訊或電子郵件，而這些內文的開頭都是收件人的名字，不是「敬啟者」或「親愛的選民」。大多數人都知道，這是顧客關係管理軟體的傑作，但是這個細節，大大提高了收件人的點閱率。

此外，我們在與顧客互動的過程，是不是能夠掌握顧客的狀況、直指問題和需求的核心，亦決定我們是一個客製化方案的創造者，或標準化方案的操作員。

五、打動人心的服務（Touching）

策略和工具都是冰冷的，也無法讓品牌與顧客之間，產生情感的連結。唯有執行策略、操作工具的第一線員工，發自內心的理解，與認同顧客關係管理的精神，才能打動顧客的心，創造有溫度的顧客關係。

否則，就會如同問我是否需要茶水以及基金的銀行服務人員一樣，機械式的做著沒有溫度的服務流程。會得到什麼樣的顧客評價，也就可想而知了。

回過頭來看，我們該如何把這五T用在B2B客戶管理上？

假設你是銷售商用軟體的B2B業務員，因此，你的第一個T鎖定目標客群（Target customer）就是思考潛在客戶落在哪些產業，而他們又是公司裡面哪些部門的哪些職位；第二個T慎選溝通工具（Tool）時，思考的是主要溝通介面，可想而知數位工具（LINE、WhatsApp）是這些軟體工程師最熟悉的，那麼，我們就盡可能把設計圖和書

圖六　顧客關係管理的五大關鍵

面資料，加以數位化、圖像化；第三個T選定最佳溝通時間點（Time）指的是，在哪些時間點和客戶接觸。我的建議是，最好別選在周一上午的忙碌時段，當然也得避開客戶例行性周會、月會的時間；第四個T客製化訊息（Tailor-made message），就是提供客戶服務建議書、軟體操作說明書等資料時，加入客戶所屬產業，要特別注意的事項，讓客戶感覺每一份文件都是為他們量身打造。

第五個T打動人心的服務（Touching），指的是打動人心，下次當你的重要客戶晚上加班時，送一杯咖啡過去，從他的表情你就會了解它有多大好處了。

B2B業務絕學

在數位時代，用關鍵五T：鎖定目標客群、慎選溝通工具、選定最佳溝通時間點、客製化訊息、打動人心的服務，重新校正與顧客溝通的正確管道與詞彙，讓你的客戶穩定成長。

8

完成交易的最後一哩路，這樣「建檔」

開發新客戶的成本是經營舊客戶的五倍，維繫的關鍵是什麼？你得和B2C業務學。

周五晚上，當我走出量販超市，迎面而來的是一位西裝筆挺的業務員。看到我放慢腳步，他立刻一個箭步到我面前，飛快的介紹起他賣的商品。

從他開始說話算起的三分鐘內，我完全沒有開口的機會。由於夾雜許多金融商品名詞，以及太多最新、最棒的優惠方案說明，還有他過分熱情、步步進逼的姿態，老實說我並沒有辦法專注去接收，他想傳達的內容重點是什麼。

終於，他停在一個非常容易理解的問句：「要不要辦一張卡？」

我感覺是，這句話，拯救了我們彼此。

就我而言，他終於出現一句簡單的陳述，可以讓我清楚的理解。更棒的是，這個陳述是問句，在我呆站了三分鐘之後，總算可以發表意見。

就他而言，傾倒完開場的罐頭訊息之後，漂亮的證明，自己公司的教育訓練非常扎實（雖然這與我無關）。然後，他可以開始圍繞在正題上窮追猛打，把各種締結成交的話術與技巧全部搬出來。

接下來的對話，是一連串的「目前不需要！」與「真的不考慮？」不斷交錯。這有點像是蠟筆小新造型的鬧鐘，故障之後無法關機的景象。

真正令我錯愕的是，在我為難的拒絕不下十次之後，這位業務員連一句結束對話的轉折都沒有，表情瞬間由熱變冷，頭也不回的走回攤位。

而這一切旁邊的路人都看在眼裡，包括他可能會接觸的下一個對象。

這樣的經驗，讓我想起和朋友談到網路世代前後，業務員的角色和行為有什麼分別？因為網路科技讓資訊流通的效率大幅提升，以往靠資訊不對稱來賺取價差的低階業務行為，將越來越沒有生存的空間。

所以，無法做出價值差異化的廠商或業務員，就被迫去做更多廣告宣傳、接觸更多顧客，期待傳統觀念中的「大數法則」，能夠提高締結的成功率。這有點像是那位魯莽的金融卡推銷員，只想強迫我趕快表態（要與不要），以便他可以繼續接觸大量的潛在顧客。

但是他忽略了交易流程的最後一哩路，還是需要高品質的人際溝通才能完成。

數位化、網路化的時代來臨，我們可以投資經營粉絲社群，取得上千筆的潛在顧客資料。還可以雇用電話行銷團隊，大量接觸陌生準客戶。但是別忘了，這些事情競爭對手同樣在做。

估算一下現在收到廣告訊息的數量（從你的電子郵件、手機簡訊、App，一直到從電腦螢幕蹦出來的置入性行銷），和十年前相比成長了多少倍，大概就能理解行銷工具被濫用的狀況，以及消費者被轟炸的程度。

數位溝通方式的進步不好嗎？當然不是，它帶給這個世界許多美妙的改變。只是當我們連接起溝通的橋梁，努力出現在顧客面前的時候，別忘了消費是由人腦，而非電腦做出的決策。當一個人內在的情感因素、感性需求被滿足，這中間包含了歸屬感、優越感、同理心等，他才會做出一個外表看似理性的決定。

有一年我在生日前夕，到眼鏡行配一副新的眼鏡。由於我間隔很久未回店消費，便花了一些時間重新驗光，並做了簡單的檢查。

就在配好眼鏡準備結帳的時候，服務人員拿出一份小禮品說：「吳先生，您的生日快到了，先預祝生日快樂！」當時真的帶給我意想不到的小驚喜。

即使那是一個印有商標的量產化贈品，我仍然感受到非常客製化與人性化的服務過程。

這個動作需不需要科技的協助？我想絕對需要。這位服務小姐應該沒有過人的記憶力，可以記住像我這樣幾年前光顧的客戶生日。

但是眼鏡行的老闆有沒有訓練她，若是遇到久未上門又接近生日的顧客，標準程序是送上小禮物？我猜也沒有。因為她應對進退的表現、真誠關懷的態度，是標準作業程序（ＳＯＰ）規範不出來的。而我認為這正是顧客關係管理的精髓：「軟硬兼施」。

不要以為貼心服務是Ｂ２Ｃ市場的專利，其實Ｂ２Ｂ業務人員也該培養這樣體貼的思維。過去在電子業時，客戶的工程師對產品測試報告的樣式，總有一些不同要求，如某些測試參數呈現的順序、針對測試環境的描述方式等，甚至在同一家公司，不同事業部就會有不同的工作習慣。於是，我們**將這些微小的客製化要求全部建檔管理，讓新的工程師承接舊客戶時，不必再從頭溝通**。至於那些不注重細節的公司，在新專案開始時，就浪費了許多客戶的時間跟耐性。魔鬼都在細節裡，這是最好的例子。

總之，用硬體科技、理性邏輯，將顧客資訊的利用率極大化；然後用軟性溝通、感性語言，與顧客建立「有溫度」的關係。兩者兼備之後，交易的最後一哩路才會完備。

B2B業務絕學

業務體貼的服務，不只是對客戶的需求瞭若指掌，更包含將每次溝通時，對方特殊的要求記錄下來，即使換一位同事與對方接觸，也能照顧到對方微小的期待，就是最完美的顧客關係管理。

第5章

人才？耗材？身為業務怎麼成長？

1 客戶參觀的是非銷售人員的銷售力

從第一線員工對客戶的眼神、態度，以及和現場幹部的互動與默契，可以看出一家公司的管理風格、組織文化及人員穩定度。這些因素，展現了一家企業服務長期客戶的品質，也是客戶願意下單的關鍵。

客戶要來參觀工廠的日期敲定之後，各部門主管很快收到動員的通知。這是我們正在開發的客戶當中，最重要的一個提案，對方是一間日本公司。生產線上不需要精密的機器，組裝流程也沒有複雜的人工動作，理論上這不是難度很高的案子。但是因為評估移轉的產能不小，客戶的高階主管，特別從日本搭機過來聽取簡報，並指定要到現場參觀。

在這樣技術門檻不高的提案，我們很難製作一份「技術導向」的精美簡報，一切都是製造業的基本功夫。從接單、排程、組裝、出貨的各個流程，客戶都願意提供詳細的資訊，這就是日本人的商業風格：**把簡單的事情，重複做到好**。

但是我們心裡都清楚，這些事情同業廠商都做得到，而客戶也不會只參觀一家供應商。我和生產部主管相視而笑的說：「一起做最好的準備吧，不能控制的因素，煩惱也沒用。」這時候，現場最資深也最受信任的幹部T走了過來，和我們再次確認客戶會檢視的重點，確保第一線同仁完全了解。

T有超過二十年的現場經驗，專業能力和敬業態度無庸置疑，溝通協調能力也很好，就是所有工廠都需要的那種中堅幹部。他最常跟我講的一句話是，他只是後勤支援部隊，公司的開疆闢土要靠前線的業務部門。

每次聽到辛苦付出、卻不是鎂光燈焦點的後勤單位同事這樣說，我總是想表達，他們的重要性和價值，絕對比他們自己想像大得多。

試著讓氣氛輕鬆一點，我開玩笑的告訴T，這次來的是日本客戶，這幾天大家都在熬夜學日文。T帶著微笑卻也很認真的回答，他努力學會的唯一一句日文是：「Ko Ni Chi Wa」（你好）。

隔天，日本客戶大陣仗的如期來訪，在T的提醒之下，他的團隊每位同仁，都能將：「Ko Ni Chi Wa」自然的脫口而出，雖然發音既生疏也不夠標準。

只是來自日本的這些最高主管，大部分時間都面無表情，或僅微微點頭。即使臨時提問的一些現場問題，透過翻譯得到T詳細的答案，也不見非常滿意或立即肯定的態度。我想，大概這也是一種嚴謹的處事方式。終於，這一次的提案簡報與工廠參觀順利結束。

老實說，在詢問客戶在台代表之前，我預期得到的評價是「平淡無奇」。但是出乎我意料的是，對方給予這次參訪非常高分的評價。

他參觀過無數類似的生產線，也知道我們在硬體、經驗上已經有一定水準，就和大部分合格的供應商一樣。而進出口作業效率、組裝良率、品管機制等，要用投影片的素材，包裝公司形象都很容易。但是，現場呈現出來「人」的品質，是騙不了人的。

從第一線員工對客戶的眼神、態度，以及和現場幹部的微小互動與默契，可以看出一家公司的管理風格、組織文化、人員穩定度。這些因素，決定了一家供應商服務長期客戶的品質，甚至是未來面對緊急需求、異常客訴時的態度，也可以略窺一二。

而他特別點出那些生澀的「Ko Ni Chi Wa」背後，更是反映了銷售提案書上所看不見，那些關於人的元素。如果客戶要以價格決定一切，這些對人的觀察的確不重要。但是，當客戶謹慎的安排參訪行程，看的是如此簡單的組裝流程，那麼魔鬼就藏在「人」的細節裡。

從業務部門的角度來看，我反而很高興，第一次遇到客戶如此弱化銷售的角色。而這也是我一直想向T示意的重點：有經驗、有深度的客戶，絕對不會只看業務人員的表面語言。「全員顧客導向」這個觀念，也不是管理階層的高深策略、摸不著的政策或口號，它反映在公司的每一個角落、每一個人身上。

而我看過那些發自內心重視客戶的後勤同仁，他們在工作上獲得的榮譽感、成就感，也都是來自內心。客戶的一點小小肯定，就能點燃他們莫大的工作熱情。

後來，我代表業務部發了一封E-mail給生產單位，感謝他們的團隊合作。對於T、對於那些讓人感動的後勤同仁，我還是說不清楚那一句「Ko Ni Chi Wa」，到底有什麼魔力、如何幫我們加分。

但是我很確定，當顧客導向從牆面的海報標語，進入到員工的心裡、腦袋裡，它產生的正面影響遠超出我們的預期。對內，那是最棒的工作熱情來源；對外，那才是超越銷售語言、最堅強的業務力。

B2B業務絕學

當廠商要求安排參觀廠房，他們要看的絕對不是制式的生產流程，而是透過「人」的表現，判斷你的服務品質及工作精準度，因為唯有一流的後勤，才能做出即時、品質優良的成果。

2 業務，別把幫手當對手

大多數部門都是為了支援業務部門而存在，以至於業務人員成了其他同事的「內部客戶」，業務員會追著其他人要資料、要產品、要計畫，永遠有滿足不完的需求。但千萬別讓組織分工的本質，成為自我檢視的阻礙。

專案啟動三周之後，我以顧問的身分主持業務部門會議。這是一家位於中國的傳統製造業工廠，因過去兩年大幅擴增廠房和設備，加上國際品牌訂單的挹注下，公司規模成長太快，管理水準未能跟上腳步。從最前端的業務、技術部門，一直到製造單位的倉儲運輸、生產線規畫、料帳管理，到處都有改善空間。

在會議室裡，業務部主管坐在我左手邊第一個位置，表情有些拘謹，我想其中緊張的成分居多。對內他是一名強勢溝通者，經常可以見到他和製造主管爭得面紅耳赤。但是當我要求他把業務部門所有的表單、報告，以及他平時做了哪些例行性的管理活動，全部攤在桌面上讓我一一檢視之後，他承認自己根本沒有發揮到業務主管的功能。但是，至少他願意在私下場合坦誠自己的不足，而這也是為什麼，我和顧問團隊到這家公司的原因。

「各位業務同仁，過去三周時間，我們對公司所有部門做了全面的診斷，也在跨部門的專案會議上，由各單位一級主管報告改善行動對策。業務部是公司重要的人才庫，幾乎所有業務員都進到那一場會議列席旁聽，就是期望未來有更多的管理幹部從你們當中產生。」我要他們先拉高自己的格局。

「今天是我第一次正式和業務部開會，大家在聽過全公司的營運現況後，我想知道各位對業務部門的管理和改善，有什麼看法？」

最資深的業務員，大概也累積了最多接收客戶抱怨的經驗，他第一個舉手發言：「我們的生產問題實在太多了，不但質量不到位，數量也經常出錯，許多訂單到現在都回覆不了交期。」他說得慷慨激昂、義憤填膺，其他人則是頻頻點頭。

接著有幾位業務員陸續發言，對採購作業、倉儲管理、產品開發提出不少問題。他們的回應說明業務工作的好處：從客戶的角度出發，可以看到公司的許多關鍵問題。但是，這種回答，也突顯出業務員普遍有的盲點，那正是我提出這個問題的用意。

「各位提出的意見都很正確，不過，你們可能沒有注意到我剛才的問題是：大家對業務部門的改善有什麼看法？簡單來說就是，我們自己哪裡做得不夠好？在座的哪一位可以說得出，我們自己需要改善的三個項目？」

突然間熱烈的批評變成一片沉默，我刻意什麼話也不講，讓尷尬的氣氛持續蔓延一陣子。然後我將視線移到業務主管，他點點頭對我僵硬的微笑。因為這個問題，我已經在找他一對一面談時，問過這位業務主管，他和部門同仁的反應如出一轍。

「公司確實存在許多生產的問題，而我們也看到各生產單位主管，提出具體的改善對策，以及用什麼標準去衡量改變的結果。不管現在的成績有多差，只要一個單位或一個員工知道要改變什麼，他在變革的過程就是有價值的。」

「但是，如果我們只看到『別人』需要改變什麼，卻無法具體說出『自己』要改變什麼，那就代表自己沒有進步，一點價值也沒有創造出來。我想各位不會希望，自己在這項變革專案中是沒有價值的。」

大家的沉默還沒有解除，但開始有人在點頭，同時臉部表情放鬆了一些。這時，我請大家將目光移到投影片上，再次檢視業務管理控制系統，從客戶管理、報價管理、產銷協調、應收帳款、績效管理、部門會議、教育訓練等，逐項說明改善和強化的重點。

我想分享的是，千萬不要陷入自以為是的本位主義當中。在專業分工的企業環境裡，大多數部門都是為了支援業務部門而存在，以至於業務人員都成了其他同事的「內部客戶」。如此組織設計的本質，使得業務員會追著其他人要資料、要產品、要計畫，永遠有滿足不完的需求，當然有很多機會去挑剔和檢討別的單位。

這會讓人產生一種錯覺，好像所有客戶的需求和問題，都圍繞在生產、技術、品管、物流等非業務部門。然而，是不是代表後勤單位平均的工作素質較低、犯錯機會較高，而業務部門的缺點比較少呢？恐怕不是。

不要讓組織分工的本質，蒙蔽我們客觀檢視自己的能力。也不要因為扮演「內部客戶」的角色，就無限制的拉高對內溝通的姿態，卻沒有自我檢討的習慣。既然業務人員有機會接觸最多的部門和流程，就應該期許自己，有縱觀全局的能力與視野。格局不夠高，一定沒有辦法做好整合的工作；但是姿態太高，就會喪失自我反省的能力。

特別是在講究分工的Ｂ２Ｂ產業，業務人員若是對內溝通協調能力不足，就無法為自己負責的專案創造好的團隊合作氛圍，單打獨鬥的方式，或許可以接到短期訂單，但是缺少研發、生產、品管等整體支援，後續的客戶服務一定大打折扣，就不會有長久穩定的績效表現。

B2B業務絕學

別誤把自己人當敵手，如何一起做出能滿足外部客戶需求的成果，才是你的工作重點。

3 把工作當成換了情境的遊戲

許多團隊中的爭論只為了證明「我的看法比你高明」，卻提不出實際的做法。根據我的經驗，這些發生在會議室內的口水戰結束後，一家公司的運作什麼也不會改變，這正是執行力低落的最大元兇。

美國著名的小說家馬克．吐溫（Mark Twain）曾經說：「工作和玩樂是同義字，只是分別使用於不同情境而已。」

大部分的我們，都是極其平凡的普通人，沒有馬克．吐溫與生俱來的天分與才氣，要做到工作如同玩樂般的瀟灑，在現實生活中很不容易。然而，他這一句寓意深遠的格言，卻非常值得我們省思。

對許多朝九晚五的上班族來說，工作和玩樂是兩個反義詞。一旦在工作中找不到樂趣，就會感到倦怠，想要逃離工作情境，完全沒有回到工作崗位的動力。所以，在周一早晨的大眾運輸工具和辦公室裡，我們可以看到許多陷入星期一憂鬱症（Monday Blue）的工作者。

但是，工作真的毫無樂趣可言嗎？有時候若是能夠轉換心態，或許我們能得到完全不同的結果。在我所熟悉的業務團隊管理上，就有很多這樣的例子。

一如往常，會議開始我試著聊些輕鬆的話題，大家也都神情愉快的談論著。但是一進入到正題，討論公司作業流程的問題，許多人的臉馬上沉了下來，好像千萬斤的壓力籠罩著。

有一次，在一個公司內部會議上，我們檢討關於樣品規格確認單的流程問題。當時，技術主管向我反映，業務員在製作單據時內容不夠詳細，導致其他單位容易產生錯誤解讀。從客戶端、業務部、技術部、生產部到品管部，資訊鏈被拉長後，溝通的落差就越來越大。

在那場會議上，我手上拿著剛發生的案例，並請業務員 Claire 向大家說明來龍去脈，希望集思廣益後，討論出較佳的解決方案。

「客戶需要的樣品規格總共有十多種，而且內容複雜。我整理過後，是這麼製作樣品規格確認單的。」Claire 說明自己如何亂中求序，來編排這一份內部傳遞的單據。

由於結果已經證明，她的這份資料有瑕疵，造成其他部門的困擾，此時在會議室內的其它業務員，自然是七嘴八舌的提出看法。

表格是僵化的，人的溝通與應變才是活的，實務做法原本就沒有標準答案。所以我決定先當個觀察者，讓多一些人發表意見。但是在一陣熱烈的討論之後，我發現有些發言失焦了。

許多爭論只為了證明「我的看法比你高明」，但是提不出實際的做法。有些人則是把概念說得天花亂墜，但是完全沒有能力把它文字化。根據我的經驗，這些發生在會議室內的口水戰結束後，一家公司的運作什麼也不會改變。這種通病，正是執行力低落的最大元兇。

更糟糕的是，當事人和其他提供意見的業務員，彷彿變成對立的角色。大家的砲火越來越兇，Claire 的表情越來越沉重。我想，我必須打斷這群人的討論了。

認真討論卻陷入迷航，透過遊戲再次聚焦

「請先停止發言，讓我把迷航的各位拉回來！」我希望他們心中真的有一個畫面，發現自己就像脫離航道、橫衝直撞的小船。

「剛才我聽到很多不同的意見，有些值得商榷，有些很有建設性。最重要的是，組織裡面最怕出現的就是評論者，也就是動口不動手的人。在場有沒有人可以用結果證明，自己的論點是最好的？」

負責那張單據的業務員只有 Claire，以此案例來說，只有她一個人要對結果負責。而且每個人也都習慣了當評論者，沒有人知道，如何用結果證明自己的論點，會議室內一片沉默。

長條型的會議桌把所有人分成兩群，我心想，這就是最簡單的分組方式。

「我的建議是，坐在我左、右兩邊的人各自成為一個小組，我們來進行一個遊戲。」

聽到「遊戲」這個字眼，剛才爭得面紅耳赤的一群人，臉部表情總算是放鬆了一點。Claire 好像從槍林彈雨中脫身似的，身體向前傾、眼睛張得跟金魚一樣大，仔細聽我接下來要講什麼。

「遊戲規則很簡單，就是兩組各自找時間討論，以剛才的案例合力產出一份，你們認為最詳細、最理想的樣品規格確認單。各位交給我的作業，我就請技術部門主管當最客觀的裁判。他認為哪一份比較清楚，哪一組就獲勝，我來頒發獎品。」

這個提議馬上得到大家的支持，會議室的氛圍也從劍拔弩張，變得輕鬆許多。而另一位業務員 Tom，已經迫不及待舉手發言，要再補充自己的看法。

「等一等，Tom，剛才大家已經『說』得夠多了，我要看到的是實際的成品。」

我接著補充：「而且，你打算讓坐在對面的另一組對手，現在就知道你的好點子嗎？既然你們都對獎品感興趣，現在你的想法已經變成『商業機密』了，你應該好好跟隊友討論才對吧？」Tom一邊抓頭、一邊點頭，然後大夥附和著要他趕快閉嘴，會議室內笑成一團。

當我把兩個空白資料夾交給兩邊的組長，並再次重申遊戲規則和交卷日期，我看到的是大家更積極的態度，同時團隊氛圍也更正面。

在維持工作該有的秩序之下，如果我們成功融入玩樂的元素，很多事情都會改變。它改變了一群業務人員的工作心態，也改變了我管理者的角色，從一個刻板無趣的監督者，變成帶動士氣的團康主持人。

我不知道那個靈感怎麼跑出來的，但是我當下想到的，就是馬克・吐溫所說的話：「工作和玩樂是同義字，只是分別使用於不同情境而已。」

B2B業務絕學

會議上的討論，從來不是為了證明誰的論點最高明，而是找出最佳的解決方式，讓組織運作更順利。

4 目標要情緒化，計畫得視覺化

設定目標的主要功能，並不是在「監督」我們還有哪些事沒做，而是協助我們聚焦在對的事情上。而隨時保持目標的新鮮感，則能避免我們被過期，或從未實現的目標磨光熱情。

歲末年終是職場工作者回顧過去、展望未來的時機。一方面我們要檢視，過去設定的目標是否達成，檢討計畫和成果之間有什麼落差、哪些地方需要改善；另一方面，我們要為新的年度訂出目標，作為邁向下個階段的依據。

有人把目標當成單純的數字，或者視為在公司和主管強迫規範下，必須達成的標準，其實這些都是狹隘的定義。人們從小到大被動去做的事，鮮少有積極的作為。就像出於自己還是父母意願去學鋼琴的孩子，可能有完全不同的效果。

所以，我們不妨先調整看待目標的心態。如果目標曾經帶給你壓力和挫折，那麼讓我們想一想：「沒有目標會如何？」公司缺乏明確的方向，主管沒有考核的方法，就連跨部門之間都沒有最基本的共同語言。一個不必設定目標的世界，我們可能只會享受到短暫的放鬆，接著就要陷入一團混亂。

因此，目標的主要功能並不是在監督我們，而是來協助我們的。在過程充滿變數的環境中，目標協助我們隨時校正腳步；在人與人想法各異的情況裡，目標協助我們凝聚共識；在資源有限的現實下，目標協助我們聚焦在對的事情。

美國學者愛德溫．洛克（Edwin A. Locke）在一九六七年提出的「目標設定理論」就主張，目標本身具備了極佳的激勵作用。它把人們的需要轉變為動機，促使人的行為朝特定方向努力。那些在各領域績效表現優異的人，總是懂得運用目標帶來的力量。

目標管理經常提到的「SMART原則」，指出一個好目標的五項特點：具體的（Specific）、可衡量的（Measurable）、可達到的（Attainable）、有關聯性的（Relevant）和有明確時間期限的（Time-based）。小自個人的工作目標，大至企業的營運目標，都可以用SMART原則檢視。

除此之外，我個人還會加上「既大又小」的原則。也就是在設定目標時格局要大，同時計畫又要夠小（夠細）。

目標越細，越有臨場感

某年，我和部門一位年輕業務員，討論個人目標的設定。他的工作經驗不多，很多公司內、外的事物都還在學習。此時要設定一年後的目標，他顯得缺乏自信、力不從心。除了量化目標像是：業績達成率、新客戶開發數等，他感覺自己掌握的程度還不夠，那些非量化目標如：外語能力、專業知識的進步，他也不敢保證，一年內可以提升到什麼程度。

其實，不只是資淺的工作者有這種困擾，即使是資深工作者，若是我們抱持短期視野就很難激發出長期潛能。這時候我換一種方式問：「一年後的目標難訂，那麼你有沒有想過，自己五年後的模樣？」時間軸從一年拉長為五年，他的格局變大了、願景變清楚了。想了一陣子，他很明確的說出自己五年後，應該具備的條件、想要達到的境界。

包括我自己也常用這樣的方法，來聚焦大的方向。當短期目標不夠明確，就試著把時間軸拉長、格局拉大，就能減少被各種因素困住，而猶豫不決的機率。若是我們找到五年後的願景，一步步回推到三年、一年內的階段性目標，就變得比較容易。

除了要看到夠大的格局，我們同時也要看到夠小的短期目標，才不會讓願景，淪為不切實際的空談。

舉例來說，假設這位業務員的年度目標，是達成六百萬元業績、一整年開發出二十四家新客戶。這些數字在第一季還有激勵作用，但是到了第二、三季的效果遞減，這就是目標區間太大的缺點。此時把目標從年拆解成越小的單位：季、月、周，甚至是工作日，就越能加強我們活在當下的意識，行動方案也會越具體。我開玩笑的問他：「目標越細，是不是越有臨場感了？」他笑著點點頭。

我提供兩個讓目標快速實踐的方法：「視覺化」和「情緒化」。

簡單的說，就是把目標寫下來、印出來，讓它出現在看得到的周遭環境：電腦螢幕的桌面、辦公桌前的便利貼、車上的小紙條等。視覺化一直是企業管理有效的方法，從工廠改善的標語、專案進度表到績效管理看板都不例外，個人管理當然也適用。至於在團隊管理上，則是用會議紀錄、專案管理甘特圖等工具，將團隊不同角色的職責和任務說明清楚，這也是可視化的一種內涵。

而情緒化，則是指想像並擴大達標後的正面情緒，包括：滿足感、成就感、榮譽感等。在自我暗示的過程中，我們也強化了自己的動機。如同好球員的必要條件，一定是對比賽充滿激情，才會有令人激賞的演出。而團隊由不同人所組成，每個人的情緒和狀態總有高低起伏，那些善用情緒化來自我激勵的人，也很容易激勵到其他團隊成員，形成互補的作用。如同「雁型理論」中，帶頭飛行的角色經常替換，就會確保一個穩定前進的團隊。

業務專業百科

- **雁型理論**

一九三五年由日本學者赤鬆要提出。指某一產業，在不同國家伴隨著產業轉移先後興盛衰退，以及在其中一國中，不同產業先後興盛衰退的過程。

雁型理論主要包括四個內容：

第一，重視本地區生產力的發展，不斷調整經濟結構。重視教育和人力資本的投資，促進經濟的持續增長。第二，堅持出口導向戰略，包括向外地區提供商品，積極促進貿易，投資和金融自由化，努力發展外向型經濟。第三，依靠本地區內部積累，適當控制外債規模和外債結構。第四，政府與市場機制的有效結合，政府調控行為與市場機制緊密結合，相互交融。

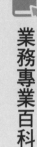

最後，總結我對目標管理的三個重點。

第一，從感性層面給目標一個正面意涵，它是協助我們更上層樓的良師益友。再用理性的SMART原則檢視我們有沒有一個好目標；第二，在設定目標時確保它既大又小，格局視野能高上天空，行動計畫又可以貼近地面；第三，視覺化與情緒化是兩種達標的重要手段。

根據我的經驗，從小目標到大計畫，都能按照這三個重點逐步實踐。

B2B業務絕學

目標管理的三個重點：

一、首先從感性層面，給目標一個正面意涵，再用理性的「SMART原則」，檢視我們有沒有一個好目標。

二、在設定目標時，確保它「既大又小」，格局視野能高上天空，行動計畫又可以貼近地面。

三、最後，將目標「視覺化」與「情緒化」，幫助你更容易達標。

5 人才？耗材？業務員怎麼成長？

B2B領域的優勢之一，就是業務人員成長的空間、可能性更多元，因為他能廣泛接觸到研發、生產等流程，未來進階為管理職務也更容易。

業務人員在公司內部要面對業績的壓力，對外要處理客戶理性和非理性的要求，加上工作內容瑣碎、工時長，有許多人短期嘗試後，自覺無法勝任而離開。而表現傑出的業務人員，因為在業界的人脈廣泛、能見度高，在累積一定的資歷和成績之後，也容易成為被挖角的對象。

每一間公司都了解留住人才的重要性，但大部分的業務單位，還是存在極高的流動率。人員耗損的程度之高，不禁讓人懷疑，業務員是公司的「人才」，還是「耗材」。

要扭轉這樣的現象，必須先診斷業務主管是否有正確的心態。若主管將部屬的成長，視為一種對自己的威脅，組織內就會產生「侏儒效應」，每往下一個層級，只會留下能力更低的人。

業務專業百科

● **侏儒效應**

指組織中主管怕被部屬取代，所以雇用的人一定會比自己差的現象。例如，總經理雇的副總經理，能力一定較總經理差，副總找的協理又差一截，一層一層因循下去，組織便充滿了才能普通、只能勉強滿足目前職位的經理人。

管理高層是否有能力辨識及拔擢無私的業務領袖，在相互支援的組織文化下，培養不斷提升的新世代，已經大抵決定了業務團隊的成敗。

再者，業務部門的管理制度，必須要能創造出「客觀、熱情和成長」三項元素。

「客觀」代表所有業務活動投入和產出的價值衡量，必須以公平、透明的考核機制，回歸到理性的結果導向，專注於最終目標的達成。客觀的另一層涵義，就是以「客戶的觀點」為思考核心，讓業務人員最精華的時間與資源，集中在對客戶最有價值的活動上。舉例來說，提供給客戶的檢驗報告有兩種不同的版本，業務部和品管部各自堅持己見（選擇對自己最簡便的格式），沒有人希望增加自己的工作負擔。此時，不妨由第三個單位扮演客戶的角色（或是直接邀請熟識的客戶參與討論），評論哪一種方式對客戶是最有效益的，才是真正的客觀。

「熱情」元素的創造，是所有業務主管最重要，也最具挑戰性的責任。當業務工作有明確的方向，賦予個人成長及組織成長正面的意義，業務人員的熱情，就可以戰勝低潮，並克服工作上的許多負面因子。為了重要客戶加班到半夜，不會是不甘願的苦差事；薪資待遇上的些微落差，也不會輕易動搖業務人員的去留。

主管想驅動Ｂ２Ｂ業務人員的熱情，則是必須**有辦法帶領他們看到更高的格局**，除了產品跟訂單之外，將個人發展與企業發展、產業發展做連結，讓熱情建立在務實的願景之上。

「成長」，應該永遠是業務團隊中，最常被提及的名詞、最徹底被實踐的觀念。對產業和產品的專業知識要能夠成長，客戶群的廣度、客戶關係的深度要能夠成長，伴隨而來的，就會是營收和獲利的成長，以及業務人員待遇和職位的成長。

Ｂ２Ｂ領域的優勢之一，就是業務人員成長的空間、可能性更多元，因為業務人員廣泛接觸到研發、生產等流程，未來進階為管理職務也更容易。業務主管具備正確的心態、領導的意願和能力，再輔以兼具「客觀、熱情和成長」的管理制度，自然能吸引及培養出優秀的業務尖兵。

避免業務人員成為失敗管理制度下的耗材，創造出充滿熱情、不斷自我提升的人才，絕對是每一位業務主管應該重視，並且用全部心力去學習的課題。

B2B業務絕學

想培育出充滿熱情、不斷自我提升的人才，你得先問問自己，有留給對方足夠的成長（犯錯）空間嗎？

6 怎麼設定業績目標？

如何讓空口開支票、畫大餅的「老鳥」無所遁形，並讓尚在摸索中的「菜鳥」修正工作方向？你得定期用四個指標檢視管理制度。

B2B市場的完整銷售流程為：市場資訊蒐集、潛在客戶開發、產品／服務的介紹、異議處理、銷售談判、交易合約簽訂、合約的履行（貨物交付、安裝、售後服務），最後是貨款的支付。

有些業務人員對市場訊息十分敏銳，也擅於建立客戶關係，但是對訂單總是缺乏臨門一腳的能力，以致業績不彰；或者，有些業務員把大部分的精力和重心，放在業績開拓上，但是對於售後服務和應收帳款默不關心，導致交易後客戶產生負面評價，而公司也因逾期帳款過多、資金流動性不佳，進而影響獲利。

業務團隊的管理制度，應該讓單位主管和部屬以最客觀、合理的方式，聚焦在最核心的流程和最重要的績效上，業務團隊方能有健康的體質。

以下幾點原則，提供主管建立管理制度時的參考：

一、**每年度更新目標，並公告團隊**：每一年度開始前，考量市場況狀、內部資源，訂定具挑戰性、又有機會達成的目標。主管應在公開場合，正式向團隊成員公布團隊和個人的目標，讓所有人知道公司朝什麼方向努力，個人又在其中扮演什麼角色和比重。

二、**業務目標務必包含實際的指標**：業務目標應包含「財務性衡量指標」如：銷售額、毛利率、應收帳款等，以及「非財務性衡量指標」如：重要專案進度、客戶開發成果等。許多公司因為沒有非財務績效指標，使得業務人員的紀律、日常作業等無法量化的項目，只能流於主管片面、主觀的評斷。

三、**定時設定檢討點，確保向目標前進**：公布每月／季／年績效檢討時間、地點及形式（小組會議，或公司全員參與的大型會議、研討會等）。讓所有業務人員預先知道，績效的優劣會在何種場合、以何種方式被公開檢視。對許多人而言，榮譽心比主管的鼓勵或懲罰，更能激發自己。

四、**獎金制度要能反映業務人員的努力**：業務人員的薪資和獎酬，必須和績效做連結。有時礙於公司預算的限制、獎金制度更改的困難、高層支持與否等等，會造成業務人員表現的良窳，無法合理反映在待遇上。對許多業務主管而言，「公平」這項知易行難的原則，是最重要的課題，也是能否激勵團隊的關鍵。

健全的業務團隊管理，可以讓空口開支票、畫大餅的「老鳥」無所遁形，也可以讓摸索中的菜鳥修正工作方向；而正面的業務行為和結果，也會在體制內受到鼓勵，對士氣的凝聚有絕對的助益。

對所有業務單位主管及業務人員而言，以成敗論英雄，才是真英雄。

B2B業務絕學

打造績效團隊的四個原則：

一、每年度更新目標，並公告團隊。

二、業務目標務必包含實際的指標。

三、定時設定檢討點，確保向目標前進。

四、獎金制度要能反映業務人員的努力。

7 當業務目標無法達成……

業務目標未達成的原因，可以拆解為兩大類：一是「質」的問題、二是「量」。

業務人員要有能力診斷客戶的問題，以發掘並滿足客戶的需求；業務主管則要有能力診斷業務團隊的問題，以調整出最佳陣容與最適資源。

當業務目標無法達成，傳統的思維是想辦法接觸更多客戶、拉長拜訪時間，甚至增聘更多業務。但業務主管應該以更全面的視野、更精準的角度，來分析未達標的原因。

用心智地圖（Mind Map）的架構來看，業務目標未達成的原因，可以拆解為兩大類：一是「質」的問題，也就是業務活動的品質是否夠好；二是「量」的問題，即業務活動的數量是否足夠。

業務專業百科

● 心智地圖（Mind Map）

又稱腦圖、腦力激盪圖、思維導圖、靈感觸發圖、概念地圖、樹狀圖或思維地圖，是一種圖像式思維的工具，其原理是利用圖像式思考輔助工具，來表達思維。心智圖是使用一個中央關鍵詞或想法，以輻射線形連接所有的代表字詞、想法、任務或其它關聯項目的圖解方式。它可以利用不同的方式，去表現人們的想法。心智地圖被普遍用在研究、組織、解決問題和政策制定中。

「質」的問題，可以再區分為外部因素（客戶），與內部因素（業務人員）。前者是指目前接觸的客戶群，在營收貢獻上是否有足夠的產值，以及在毛利貢獻上是否有足夠的品質。再優秀的業務人員，若總是分配到需求規模小、價格敏感度高的客戶，恐怕也只能感嘆巧婦難為無米之炊。

後者（業務人員的品質）泛指業務人員開發市場、銷售談判、客戶管理等能力的優劣。同樣的客戶經由不同業務人員來經營，往往會產生截然不同的結果。就像「賣鞋到非洲」的故事，有人解讀為機會渺茫（很多非洲人都不穿鞋），但有人解讀為商機無限

（很多非洲人都需要鞋）。相同道理，請最資淺的業務人員來分析，自己最棘手的客戶狀況，通常會有不同的看法。

量的問題，亦可以區隔為外部因素（客戶）與內部因素（業務人員）。前者是指客戶數量的多寡，後者是業務人員的數量、拜訪客戶次數與時間的多寡。即使有好的客戶及業務，若是雙方互動不夠，也難以建立有深度的客戶關係，創造應有的營業產值。

用「質、量」、「外部因素、內部因素」將未達標原因分類之後，可以進一步請最前線的業務人員，一同參與診斷的過程，再依實務況狀，將問題再往下剖析與條列，並提出自己的瓶頸與欠缺的資源。

業務主管的職責，就在於精確診斷出團隊的問題，對上爭取到公司政策的調整，對下給予適時的協助與支援，才算發揮主管的價值。

B2B業務絕學

將問題分類再聚焦思考，不只是一流業務，更是一流主管的基本功。

第6章

成功者為何總是津津樂道那扎實受苦的日子？

1 做足準備，不意謂一切順利

業務工作入門指南的第一條就是，不會有人因為做了完美的準備，讓自己達到無懈可擊的狀態，因而「避開挫折」。

很多即將離開校園、投入職場的年輕人，或是對業務工作有興趣的朋友，經常問我：「未來若想從事業務工作，需要做好什麼樣的準備？」剛開始遇到這一類的問題，一時之間我還真不知道該如何回答。

如果對方已經在找工作，我可以建議他履歷表的呈現方式、面試的準備重點等，這些偏重表面技巧、比較短期的問題。

但若對方是還沒有畢業的大學生、研究生，或是設定一段時間後，才要轉換跑道的職場工作者，也就是他有比較長的準備期，通常，我就沒辦法既直接又實用的回答對方。因此，我得好好思考，如何回答：「做業務工作需要什麼準備」這種問題。

我試著回想自己一進入職場，就直接挑戰業務工作的心情。對沒有社會經驗的人來說，從事業務工作絕對是既期待、又怕受傷害。雖然聽了許多人云亦云的說法，把業務工作和強迫推銷、死纏爛打這些名詞畫上等號，但是沒有經驗的新鮮人，也代表沒有包袱和身段，通常更能維持熱情與衝勁。

有這樣積極個性和企圖心的人，總是想要做足各種準備，無非是希望上戰場後減少遇到挫折的機會。然而，讓我不知如何回答的原因是，這種減少挫折的期待，是不切實際，甚至是錯誤的。

業務工作入門指南的第一條就是，不會有人因為做了完美的準備，讓自己達到無懈可擊的狀態，因而避開挫折。即使給你再好的訓練、再多的資源、再長的時間武裝自己，學習拿起皮箱、拜訪客戶的那一刻起，挫折就是業務工作的一部分。

沒有親身經歷過的人看「挫折」這個詞，會把它定義成負面的名詞。但是我至少可以列出一打以上，挫折代表的正面意義。

如果挫折是來自於客戶的拒絕或刁難，我們應該給予感謝並感到驕傲，因為這才彰顯了交易過程，業務人員的價值。世界上唯一沒有拒絕和刁難的交易，只會發生在自動販賣機上。所以，自動販賣機內大多是低價產品，而這些機器既不領薪水也沒有獎金，唯一的成本是些許的電費。**挫折，讓業務員和販賣機的價值有所區隔**，你說它是不是一個正面的東西呢？

除此之外，挫折還會「保障」勤於耕耘的人，建立競爭門檻。以台灣信用卡市場為例，在信用卡蓬勃發展的初期，許多推廣信用卡的業務員，賺了滿滿的荷包。在一個未飽和的市場，消費者的新鮮感、接受度都還很高的時期，運氣好的信用卡業務員碰到人脈廣、熱心介紹的親友，短時間內就可以賺到別人好幾倍的獎金。在顧客不太給你挫折的年代，業務員賺的是機會財。

但是當台灣成了人手一卡的市場，業務員遇到的挫折變多了，機會財也相對變少了。顧客變得更精打細算、更在乎服務的品質與細節，一步一腳印耕耘顧客關係的業務員，才有辦法冒出頭。對腳踏實地的人來說，業績來自長期經營、扎實建立的關係，想要靠碰運氣賺錢的業務員，相對變得難以生存。由此可知，**挫折讓勤奮的人和投機的人有所區隔**，它不就是最好的競爭門檻嗎？

從這些角度來看，挫折不但不是敵人，還算是我們的好朋友。

上台不再緊張的最佳練習

不需要避開挫折的另一個原因是：根本避不掉。我們不會因為在舞台下，做了一百分的準備，然後保證在舞台上不會遇到突發狀況、不需要臨場應變。與其在台下擔心害怕，不如做足準備之後勇敢走上去。你可能會發現，觀眾的眼神還是讓你全身發抖、口乾舌燥，原本想好的豐富內容都忘了一大半。但是你正在經歷的這些挫折，才是最佳的訓練。

我有一位在工作上非常注重細節、要求完美的同事，她第一次上台簡報前，非常緊張，因而跑來尋求我的幫助。她說自己最害怕面對一群人的眼光，只要想到雙腳就會忍不住發抖。她手上厚厚一疊的資料非常完整，也獨自找地方練習了好幾次，並請教過其他人不同的意見，還是克服不了上台前緊張的情緒。

了解完她的狀況，我給她最衷心的建議是：「妳現在最需要的不是台下的準備，而是台上發抖的經驗。」這絕對不是調侃的玩笑話，因為在台上發抖的感覺、以及如何和這種感覺相處，是她在台下做再多的演練、模擬，都得不到的寶貴經驗。

我經常用這個例子，和那些遇到挑戰裹足不前、總是想得比做得還多的朋友共勉。永遠別期望自己先爭取到一個完美的位置，然後才加入賽局。有競爭力的人，是讓自己處於一種能夠競爭、擅於反應的狀態，然後無所畏懼的面對挫折和壓力。**競爭力不是一個位置（Position），而是一種狀態（Status）**。

這個道理適用在各行各業、各種情境。在產品生命周期大幅縮短的今天，有競爭力的產品開發團隊，靠的不是完美、零缺點的研發流程，而是那些能夠試水溫的產品。然後依據市場反應，快速的進行調整和應變。守在實驗室等待完美產品誕生的人，成功的機會絕對不如那些勇敢走入市場，早一點接受挫折、修正錯誤的人。

如果你是一位業務員，那些刁難你、給你挫折的客戶，可以讓你學到最多東西；如果你是一位業務主管，你的部屬對你曾經如何克服失敗的經驗，絕對比那些豐功偉業來得有興趣。所以你說，接受挫折是不是邁向成功的必修學分呢？想通這個道理，遇到挫折我們應該微笑才對。

所以我的建議是，翻開你的字典，給「挫折」這個詞一個新的定義。

B2B業務絕學

永遠別期望自己先爭取到一個完美的位置，然後才加入賽局。有競爭力的人，是讓自己處於一種能夠競爭、擅於反應的狀態，然後無所畏懼的面對挫折和壓力。競爭力不是一個位置，而是一種狀態。

2 推銷太用力，反作用力越大

業務員強烈的推銷意圖是一種作用力，顧客感受到壓力之後，就形成一股排斥的反作用力。因為銷售成績的高低，其實和「買方」一點關係也沒有。

這是一個資訊傳播快速的時代（速度），也是一個社群媒體當道的時代（廣度）。兩項特性相輔相成的結果，就是一個品牌可能在瞬間崛起或衰退；而不管是好事或者壞事，肯定都會傳遍千里。

因此，每當商家、明星或政治人物爆發危機事件時，允許他們做出正確判斷、採取正確行動的時間越來越短。最後釀成巨大災難的，往往不是危機本身，而是錯誤的「危機處理」。

不論是沒有在第一時間說出事實，還是錯失道歉的黃金時間點，錯誤的危機處理就像一股擴大民怨、火上加油的作用力，隨之而來的反作用力總是帶來更大的傷害。

不只發生在危機處理，作用力與反作用力的道理，也出現在銷售活動的許多環節。

舉例來說，業務員強烈的推銷意圖是一種作用力，顧客感受到壓力之後，就形成一股抗拒和排斥的反作用力。因為，推銷是一種從賣方角度來定義的動詞，然而銷售成績的高低，其實和買方一點關係也沒有。所以一切以自我為中心的業務員，註定無法建立真誠、長久的顧客關係。

又或者，當顧客拋出反對意見，例如對價格的不滿、對品質或服務的挑剔等，缺乏耐性的業務員會急著反駁。殊不知顧客在負面情緒籠罩的當下，越多的解釋（作用力），只會帶來越多的反感（反作用力）。相反的，我們應該先展現同理心，找出與顧客的交集點和共鳴處。釋放正向作用力的業務員，比較有機會接收到來自顧客的善意。

還有一種加諸在業務員身上的作用力，是進行業務簡報時的緊張感。求好心切的心理是一種作用力，讓我們想要呈現完美的自己。伴隨而來的反作用力讓人患得患失、綁手綁腳，表現不出應有的水準。此時若是我們做好心理建設，了解到一些小失誤並不會毀掉一場簡報，並丟掉追求完美的心態，反而更能夠盡情發揮。

當我們體會到這個道理，並選擇了極具挑戰的銷售工作，那些帶來挫折的作用力，其實是促使我們茁壯的反作用力。

因為壓力或動力，只取決於一念之間。

B2B業務絕學

推銷是一種從賣方角度來定義的動詞，正因如此，越多的解釋（作用力），只會帶來更多的反感（反作用力）。相反的，我們應先展現同理心，找出與顧客的交集點和共鳴處。釋放正向作用力，比較有機會接收到來自顧客的善意。

3 一笑置之，表示你成熟了

當我發現自己越能夠把這些難堪的經驗，變成「一笑置之的免疫力」，就越能夠專注在交易的本質與最終結果，而不被細枝末節的負面情緒所影響。

我的孩子正值愛看卡通的年紀，《神偷奶爸》是他的最愛。那個黃色、圓滾滾的小傢伙的確很討人喜歡，只是我從來叫不出名字。

直到今年我的孩子生日，我們想製造一個驚喜，上網訂做了一個造型蛋糕，我才知道這個角色叫「小小兵」。

造型蛋糕的好處是在打開一瞬間給人驚喜，不過壞處是造型太過生動的話，運送過程一經碰撞或擠壓會變形。為了避免小小兵送到家時面目全非，我決定親自取件。

周末時一家人開著車外出取蛋糕，小孩子在車上雀躍不已。我們刻意讓他保持好奇心和期待感，所以他並不知道蛋糕的造型。然而，這一切美好的鋪陳，就在回到家打開盒子後，出現我們預期之外的驚訝：小小兵的一隻手斷掉了！
我的孩子一時之間愣住，站在原地看著蛋糕說不出話。我趕緊安撫他說：「對不起，可能是爸爸車子開太快了。」
不道歉還好，這麼一說反而讓他的失落有宣洩出口，他把既難過又生氣的目光轉到我身上。嘟著嘴一陣子後，他脫口而出的一句話，讓我整個下午的心情跌到谷底：「爸爸，我不喜歡你了！」
在安撫他的情緒、與他重新修補關係之前，我得先花時間調整自己的情緒。我心想，讓一個孩子接受生活中不完美的那部分，也是重要的學習。
這件事的後續發展很順利，我利用下午把小小兵的手修理好，晚上又變回孩子心中那個，無所不能的神奇老爸兼好哥們。然而，對挫折能夠一笑置之，正代表一個人的成長，我發現，這個道理不僅適合小孩子，也適用在成人的世界。
業務員就是與挫折相處的工作。頂尖的業務員並不是不會遇到挫折，也不是沒有低潮。但是，他們低潮的時間比一般人短，走出低潮的速度比一般人快。其中的關鍵就是，他們可以對許多挫折一笑置之，而不是沉浸在負面情緒之中。
這讓我想到在電子業從事業務工作時，遇到高傲的採購員，讓我在辦公大樓外苦等二個小時，只換來二分鐘的談話又隨即離去。或者是，對人沒有抱持基本尊重的客戶，在交涉過程的種種不合理對待與言行。當我發現自己越能夠把這些難堪的經驗，變成一笑置之的挫折，就越能夠專注在交易的本質與最終結果，而不被細枝末節的負面情緒所影響。

仔細觀察各行各業的菁英，面對挫折的態度決定了一個人的成就高低。對越多的小挫折免疫，就越有能力去處理大的挫折，進而承擔更多的責任。相反的，在芝麻小事上錙銖必較、怨天尤人，或是遇到一點不如意就要長時間來療傷止痛，當然也難有高人一等的格局。

而我很清楚，當小孩子可以對挫折一笑置之的時候，代表他長大了。成人的世界，不也是如此嗎？

B2B業務絕學

業務員就是與挫折相處的工作。頂尖的業務員並不是不會遇到挫折，也不是沒有低潮。但是，他們低潮的時間比一般人短，走出低潮的速度比一般人快。其中的關鍵就是，他們可以對許多挫折一笑置之，而不是沉浸在負面情緒之中。

4 不能太用力，也不能一切一笑置之

我經歷過幾種不同的業務工作，現在則協助數十種產業的業務，解決工作上的難題。閱覽過這麼多業務員，如果你問我頂尖業務有什麼特別之處？我會說是：「處理壓力的方式」。

只要時間允許，周末我都會到社區附近的籃球場打球。學生時代打球，研究的是基本動作跟戰術；多了社會歷練後接觸同一種運動，看到的是不同層次的內涵。例如：比賽的樂趣來自哪裡？年輕時的答案很簡單，就是要贏。所以，即使是一群業餘選手進行的友誼賽，大家也常為了一顆球的判決互不相讓，好像獲得勝利才帶得走唯一的樂趣。

等到自己年紀漸長，對運動的樂趣也有了新的感受。遇到實力懸殊的情況，即使自己是大獲全勝的那一方，也變得索然無味。所以現在的體會是：「樂趣不一定非得來自勝負，真正的樂趣是來自競爭的過程。」

當我發現自己對壓力有新的見解，就更能夠享受運動的樂趣。我依然在乎結果，但是不會對它鑽牛角尖。在兩者之間找到平衡，似乎是我虛長幾歲之後的領悟。業務工作的道理，也有幾分雷同。

我經歷過幾種不同的業務工作，現在則是和數十種產業的業務人員交流，了解他們工作的困難是什麼、找尋突破瓶頸的方法。如果你問我，頂尖業務員有什麼特別之處？我會說是**處理壓力的方式**。

有一種極端是對結果非常執著的業務，他們會對客戶展現卑躬屈膝，或是咄咄逼人，在供給大於需求的市場趨勢下，這種態度非但無法感動客戶，還會嚇跑一堆人。

另一種極端是草率處理客戶的拒絕或異議，遇到壓力就馬上轉移到下一位客戶，期待好運氣讓自己碰到容易溝通的對象。這樣的業務員沒有辦法處理棘手或尷尬的議題，當然也難以發展出有價值的商務關係。

所以，一流業務得在「執著與草率」之間取得平衡，才領略得到業務工作的精髓，就像體會到球賽的不同樣貌、不同樂趣一樣。以下則是我取得平衡的方式。

首先，業務人員必須看得到，自己產品和服務的真實價值何在。這不是關起門來一廂情願的想法，而是有能力從市場的角度，看見交易帶給客戶的真正利益是什麼。太多業務員甚至企業主迷失在此，自己都不知道答案，業務拓展肯定是窒礙難行。

其次，若是看得到真實的價值，業務人員才會進一步理解到，客戶如何從交易中獲益。交易不再只是賣方銷售金額的累積，它是買賣雙方價值的交換。想通這個道理，做成交易何需卑躬屈膝，做不成交易又何來的難以釋懷？業務人員的工作，就是引領客戶看到真價值罷了。

最後，我們還要接受商業世界的現實：「客戶的認知總是存在缺口甚至誤解，所以才需要業務人員的溝通。」既然如此，也不必對來自客戶的壓力，抱持太過負面的看法，它甚至是增加業務工作價值的原因。

在一般人眼中，業務工作充滿挫折，所以業務員特別需要正向思考。但是，正向思考不是盲目樂觀，而是看到負面際遇的正面意涵。當我發現字典裡面的壓力有了新的定義，當我發現樂趣（Pleasure）竟然可以來自壓力（Pressure），球場和商場都變得有趣多了。

B2B業務絕學

交易不只是賣方銷售金額的累積，它應該是買賣雙方價值的交換。業務人員的工作，無非是引領客戶看到真價值罷了。

5 謙卑加請教，菜鳥勝老鳥

不管是直接從事業務工作，或是當我們轉換為消費者身分時，可能都遇過這樣的情況。用外表評斷顧客、給予差別待遇，不僅對顧客不尊重，也不尊重自己的專業。

當阿伯走進豪宅預售屋的接待中心時，正值下午來客稀少的時間，好幾位業務員都有空檔。看到有顧客接近入口的玻璃門，不只吸引業務員的注意力，原本坐在沙發區的主管也站了起來。

但是玻璃門打開之後，接待中心大部分職員只有禮貌性的問好和點頭，沒有人立即走向前去。答案很明顯，是這位阿伯的穿著，澆熄了一堆人的銷售熱情。

那一身平價的休閒褲和外套，很難和豪宅的形象連結，更搶眼的是，還搭配了一雙藍白色的夾腳拖鞋。阿伯站在房屋模型的展示櫃前面，幾乎要皺起眉頭了，終於有一位年輕的業務員，從最裡面快步走了出來。「先生，您好！歡迎參觀。」

年輕業務員和阿伯交談了一陣子，為建案做了基本的介紹。另一名主管站在旁邊、雙手放在背後，「優雅」的觀察兩人的對話，態度比較像一名旁觀者。

阿伯聽了許久後，問了第一個問題：「你們的房子一間多少錢？」

這時候主管好像找到發揮的空間，沒有等年輕業務員回答，立即插話說：「阿伯，這邊的房子都很貴喔，很多人還要申請貸款才有辦法買。」

「先生，我是問多少錢，不是在問貴還是便宜。」阿伯的回應完全不給面子，主管的臉變得僵硬，年輕業務員夾在中間只能尷尬的笑。

「是、是，不好意思。小陳，幫阿伯做詳細的介紹，謝謝。」主管很勉強的維持表面風度，接著就離開了接待區。

不管是直接從事業務工作，或是當我們轉換為消費者身分時，可能都遇過這樣的情況。**用外表評斷顧客、給予差別待遇，不僅是對顧客的不尊重，也是對銷售專業的不尊重**。一名不懂得尊重顧客的業務員，他真正不尊重的其實是自己。

這個實際案例的後續發展，對年輕業務員來說是個喜劇，但是對那位主管來說就笑不太出來了。阿伯看完資料打了幾通電話，吩咐司機把頭期款的「現金」載過來。當那名主管態度一百八十度大轉變，殷勤的奉上名片和茶水之際，阿伯只淡淡的對他說：「歹勢喔，這個屋頂下我只跟這位少年家買。」

上述情況其實並非不動產銷售的稀有個案。因為各種身分的人都可能是買方，功利型業務員「有眼不識泰山」的情況經常發生。當我們用刻板印象來預設顧客需求，不但是把商機往外推，更有可能做出完全錯誤的判斷。

幾年前我的一位好友去選購手機，因為他對電子產品一竅不通，工作繁忙之餘也不喜歡研究複雜的功能，只想挑一支陽春型的機種。結果店員看到他年紀輕又穿著時髦，就把各種新機種從櫥窗裡都搬出來，彷彿想要把各家品牌一次介紹透徹。

這名店員的確很有熱情，但是這種熱情，只在顧客心中產生雞同鴨講的感覺。我的朋友聽他連珠炮的說明不到十五分鐘，就趕快以約會遲到為由逃離現場。刻板印象害了多少業務員，製造了多少無效溝通，只有親身體會過才能了解。

由這個例子可以看出，扮演好業務員和顧問的角色，有許多相同點，就是要精準的找出問題（需求），才能進一步解決問題（滿足需求）。而沒有預設立場，則是客觀判斷問題的首要條件。少了這個條件，再多的資源和資訊也會導向錯誤的結論。

換句話說，如果我們能保持謙卑的態度和清醒的頭腦，即使是青澀的菜鳥，也有可能勝過自負的老鳥。

B2B領域的專業背景知識較深，乍看之下進入門檻更高，但是其實**不管什麼領域，多請教客戶永遠可以克服經驗上的不足**。

我在機械產業擔任國外業務代表時，對於機械產品的設計，缺乏科班出身的基礎訓練，除了自己找機會學習，客戶一直視我最重要的老師。許多原本不熟識的客戶，更是在相互討論研究的過程中，培養出更緊密的合作關係。

最重要的是，當客戶感受得到你是為了提供更好服務、更有價值的解決方案，多數客戶都非常願意分享自己的專業，當客戶和供應商成為一個團隊，沒有什麼是解決不了的問題。

B2B業務絕學

扮演好業務員和顧問的角色，有許多相同點，就是要精準的找出問題（需求），才能進一步解決問題（滿足需求）。而沒有預設立場，則是客觀判斷問題的首要條件。

6 繫上領帶、彎腰洗地——向成本源致敬

「繫上領帶，能自我提升人格品行、形象價值；繫上領帶，也會讓人喪失自我，鄙視鄉土平民；若能繫上領帶，奮發上進，又肯彎腰洗地，如此有恆持續，那麼恭喜你。」——成本源

我長時間在台北生活，學生時代又在高雄定居四年，因此對南北差異的感受特別深刻。台北市中山區的松江路、南京東路一帶，有許多中小企業林立，那也是我踏入業務工作第一個經營的區域。除了馬路上的車輛川流不息，在騎樓行走的上班族，各個表情冷漠、腳步匆忙，感覺上就是每一個典型都會區的縮影。

年輕時和陌生人攀談被拒絕的機率很高，但是在建立基本信任之後，我總是會抓住機會請教客戶。我感覺自己不僅要磨練銷售技巧，也在學習如何解讀，並融入工商社會的步調。

「李小姐，謝謝您給我機會服務貴公司。」我和一位剛簽完合約的客戶，在小會議室做短暫交談。

「你也真不簡單，給你吃了這麼多次閉門羹，還有辦法鍥而不捨、撐到最後成交。不好意思啊！剛認識的時候對你那麼兇。」李小姐說。

「別這麼說，我知道這一區有很多行業的業務員，都是挨家挨戶拜訪，如果換成是我整天被疲勞轟炸，應該也會變得很沒耐性。」雖然她第一次見面時，是真的對我很不客氣，不過我也是真的可以理解她的立場。

「是啊，這星期你是第三位來拜訪的影印機業務員了。」她把另外兩張同業的名片拿出來給我看。我不斷點頭表示感謝，她也露出比較輕鬆的笑容。因為在簽了約之後，她就不必整天應付送報價單來的業務員了。

「我想跟您請教的是，如果時間回到我第一次來敲門的時候，有什麼地方我可以做得更好，讓我們的溝通更順利呢？」我問她。

她認真想了一會。「這大概不是你的問題吧。在這種商業區，只要看見打著『領帶』的人，心裡面就會莫名產生壓力。老實跟你說，在我的既定印象中，領帶幾乎就跟伶牙俐嘴、抓著你買一堆不需要的東西畫上等號。沒辦法，太多銷售員給人唯利是圖的壞印象了。」

我在旁邊很認真的聆聽。從最初拒人於門外的撲克臉，到她願意分享真實感受，我總認為，這是經營客戶最有成就感的一段過程。而這段十多年前的對話，以及領帶給她的負面觀感，一直留在我心裡。

原來這一條每天早上圈在頸上、給我無比壓迫感的領帶，對某些人來說造成更大的壓力。每次我繫上領帶，總是會想起它好像是壓力的圖騰。然後，李小姐和某些人對領帶、對業務員的刻板印象就會出現在腦海。

接下來幾年我有更多工作經驗，中間也再回學校當過學生。這些學習，都不若一段文字給我的啟發和震撼來得巨大。它是關於對領帶的見解。

「繫上領帶，能自我提升人格品行、形象價值；繫上領帶，也會讓人喪失自我，鄙視鄉土平民；若能繫上領帶，奮發上進，又肯彎腰洗地，如此有恆持續，那麼恭喜你。」——**成本源**

這段話來自一位飲料攤販：成本源先生。他曾經在台南應用科大附近賣冷飲，客群大多是學生。最大的特色就是，他騎著自己設計的可愛冷飲車，穿襯衫、帶紳士帽並打上領帶來做生意。這樣的裝扮不但是對顧客、對自己工作的尊重，更是他用來勉勵學生、建立正確價值觀的方式。

原來，我們不必給領帶那麼狹窄、單一的定義。一個人的格調、格局，是由自己而非外界世俗標準來定義的。就像同樣一份工作，有人會消極以對、自怨自艾，有人可以抬頭挺胸，從中找到樂趣、贏得尊敬。

令人感到遺憾的是，二〇一〇年成本源先生不幸罹患喉癌。他希望有尊嚴的走完人生道路，因此選擇不做化療。即使最後身體狀況惡化到無法開口說話，他仍然請人用輪椅推著他，手拿紙牌向曾經合作的商家一一致謝。上述這一段「領帶哲學」的文字，則是他用毛筆寫在親手製作的卡片上，送給台南應用科大師生的最後禮物。

成本源先生在二〇一二年初離開人世，享年五十一歲。

這個社會上打領帶的人很多，包括企業家、律師、業務員、服務生等，但是領帶背後的價值觀卻大相庭徑；這個社會上高學歷的人也很多，但是做過送貨員、搬運工的成本源先生只有國小畢業，他卻用生命的智慧教導我們最無價的一堂課。

謹以此文向我們的生命導師成本源先生致敬。

B2B業務絕學

領帶對某些人而言或許是壓力、是束縛，但繫上領帶，也是一個人看重他的工作的表現。

7 被拒絕一千次之後，他終於和顏悅色了

在那個吃了無數閉門羹，臨場應變、訂單洽談犯了無數錯誤的三個多月，我每天的日報表上，拜訪的公司家數總是比其他人多。因為沒有客戶想花太多時間，和一位講話會發抖的菜鳥交談，所以我被拒絕的機率很高……。

一整個星期待在中國客戶的工廠裡，經歷好幾個冗長的會議和挑燈夜戰的日子。周六晚上，我總算有機會鬆一口氣，和客戶的兩名員工到外面的餐廳用餐。

其中一位是總經理特助，年紀很輕但是處事靈活幹練。她的前一份工作在富士康服務，所以對我這位台灣來的顧問，顯得特別友善，問了我許多有關台灣的事。從路邊小吃、流行文化到颱風、地震，我和她們兩位無話不談。

話題回到工作，她談起自己那幾年在富士康的經驗。有傑出的學歷，又是從數百人中脫穎而出，當她受聘進入富士康環工部門時，肯定是意氣風發。

「但是，想不到進入富士康的前三個月，是我這輩子吃最多苦的一段日子。」她接著說。

工作內容沒有書面規範，也沒有人教導該怎麼做，她就在一無所知的情況下，接受接踵而來的大小任務。縱使把環工的專業書籍、參考資料都搬到辦公室，抓到時間就埋頭苦讀，還是經常有求助無門、找不到方向的窘境。

不過她沒有放棄，也激起了不服輸的精神。慢慢的從摸不著頭緒，進步到知道需要的資料、資源在哪裡，再到實務上可以融會貫通，不再依靠那些教科書和參考資料。她總算從受苦的日子熬了過來。

言談之間我可以感受到，這絕對是一段煎熬的日子。但是當一個人熬過狂風暴雨、走進海闊天空，回首的時候總是會感到自豪。

她說：「我從小到大沒遇過太多挫折，但自己能撐過這一段受折磨的日子，感覺特別有收穫。」

「沒錯，每個人都需要一段『扎實受苦的日子』。」我發出共鳴後和她相視而笑，接著兩個人點頭如搗蒜。她的同事坐在一旁沒有發表太多意見，大概認為我們只是在互相恭維。

其實這一點也不是恭維，在我心中浮現鮮明的畫面，是那一段自己經歷過的「扎實受苦的日子」。

持續三個月業績掛蛋，換來最扎實的功力

同樣是初入社會的第一份工作，同樣是最煎熬的三個多月，在公司沒有提供任何舊客戶名單的情況下，我度過每天陌生拜訪、沒有任何業績的日子。

在大部分公司停留的時間都很短。我每天的日報表上，拜訪的公司家數總是比其他人多。因為沒有客戶想花太多時間，和一位講話會發抖的菜鳥交談，所以我被拒絕的機率很高，在那個吃了無數閉門羹，臨場應變、訂單洽談犯了無數錯誤的三個多月，我唯一做對的事情，就是拋開自尊、堅持下去。很幸運的是，當時的主管也沒有放棄我。

以每個月二十二個工作天、每天被二十家公司拒絕來計算，我的業務員生涯第一筆訂單，是被拒絕一千多次之後完成的。也就是每天進公司看著業績統計板，自己的名字和「零」放在一起，持續了三個多月。

但是，也因為一次又一次面對那些最高壓、最難處理的客戶對話，我從中學習到最扎實、最務實的溝通技巧。那就是我在震旦行（辦公設備系統事業部）扎實受苦的日子，也是我年輕時期最有價值的經驗。

那一段時間所獲得的，不單只是陌生開發的話術或技巧。我後來的職業生涯，也都和影印機沒有任何關聯。但是我很確定，每個人都值得去經歷一段扎實受苦的日子。

只要願意堅持下去，當我們從狂風暴雨走出來的時候，就能體會到真正的海闊天

空，屆時，我相信你會感謝這一路來承受的歷練，並更珍惜親手創立的成功。

B2B業務絕學

我每天的日報表上，拜訪的公司家數總是比其他人多。在那吃了無數閉門羹，臨場應變、訂單洽談犯了無數錯誤的三個多月，我唯一做對的事情，就是拋開自尊、堅持下去。現在，我非常感謝那段扎實受苦的日子。

第7章

從負面跡象看見正向未來，你怎麼能不愛做業務！

1 來自海平面下的供應鏈啟示

我的荷蘭客戶告訴我，他們和新經銷商往來的前半年、甚至一年，可能都無法獲利。但他們不會用「虧損」這個字眼，而是視為「投資」。他們願意投資時間和金錢，深入的輔導、協助新的經銷商。因此在惡性價格競爭、供應商變動上的損失也小得多。

班機在阿姆斯特丹（Amsterdam）降落之前，我像第一次搭飛機的小孩子，臉頰黏在窗戶上專注的往下俯瞰。

當然這不是我第一次搭飛機，而是我第一次踏上歐洲的土地：荷蘭。

它是一個面積比台灣略大、人口僅一千六百萬的國家。著名的不只有鬱金香，而是形成一個享譽國際的外銷產業。除了這些既定印象加上美麗的風車，我對荷蘭的認識其實不多。

我和荷蘭當地客戶的公司負責人、業務人員密集開了幾天的會議，了解他們管理本地經銷商和顧客的方式，同時也對台灣和荷蘭市場的差異交換意見。

讓我的刻板印象改變最大的是，在種類繁多、價格混亂的消費性電子產品市場，荷蘭人不像台灣人一樣精打細算。他們的消費者不一定非得要追逐功能最新、規格最好的產品，也不會對產品的CP值那麼斤斤計較。

業務專業百科

● **CP值（Cost／Performance 或 Capability／Price）**

又稱為性價比，字面上就是指性能和價格的比。在經濟學和工程學，性價比指的是，一個產品根據它的價格，所能提供的性能的能力。在不考慮其他因素下，一般來說有著更高性價比的產品，更值得擁有。當一個產品改善時，CP值會上升，換句話說，當CP值上升時，實則上是性能對於價格比值上升。

一位荷蘭人告訴我，電子產品只是讓生活更便利的一種工具、一個配角。人生的美好價值和美麗風景，絕大部分是來自不用插電的自然事物。再怎麼費盡心思去搶購當下最新的科技產品，邊際效益都很低，因為一個月之後就會有更新的產品上市。

因此在我荷蘭客戶的經銷體系中，沒有那麼多的價格折扣、搭配銷售方案。同樣是百家爭鳴的高度競爭市場，他們非常謹慎的挑選合作夥伴，然後選定了就不輕易更換。對於浮動的市場價格，他們也刻意的在經銷體系內保持穩定，有時候賣方少賺一些，有時候買方吃一點虧。

不看這些蠅頭小利，那麼荷蘭商人把心思放在哪裡呢？他們對於商業模式的創新與升級更有興趣。如何在物流體系中減少碳排放、提高運輸效率；如何讓產品的微小改善，提升顧客的使用經驗；如何創造真正的雙贏，讓合作夥伴先賺到錢，才保有自己長期、穩定的獲利模式。

因此我的荷蘭客戶告訴我，他們和新經銷商往來的前半年、甚至一年，可能都是無法獲利的。但是他們不會用「虧損」這個字眼，而是視為「投資」。他們願意投資時間和金錢，深入的輔導、協助新的經銷商。也因此建立比較穩定、互信的經銷體系，而不是為了短期利益存在的夥伴關係。

相較之下，他們在惡性價格競爭、供應商變動上的損失也小得多。

而願意做深度投資所得到的創新，不管是新的運輸方式、配銷路線，或是更貼近人性的服務流程，都不會被輕易的模仿或取代。一步一腳印，不管是關係建立或改善創新，都適用這個道理。

同樣以貿易為競爭核心的荷蘭和台灣（差別在於，前者還是現在進行式，後者是過去式），我最深刻的感觸是，兩者思考的高度不同。

台灣人對工廠內的成本控制、市場上的價差管理都非常犀利。然而，這些都是限縮在戰略層次的思維，也就是有效率的把事情做對（Do the things RIGHT）。

但是，小自商場上的交易行為，大至國家的產業發展，都還有更高、更重要的層次，那就是聚焦在策略和效能，以確保做對的事情（Do the RIGHT things）。

因此同樣這麼靠近海洋，台灣和海洋是如此陌生，而五〇％土地低於海平面的荷蘭，不但和海洋和平共處，還創造出許多奇蹟。包括低於海平面三公尺的國際機場，以及成為全球主要的農產品出口大國。

荷蘭人思考的，不是從客戶身上獲得短期利益，而是從整個產業結構、營運模式的求新求變，建立永續發展的供應鏈、價值鏈。

我在拜訪荷蘭客戶之前準備的那些售價、獲利試算公式，頓時間變得好渺小。亞洲人專研的銷售話術，還有在談判桌上，為一點價差攻城掠池的各種小技巧，更是顯得微不足道。

我們該想的，不是上、下游廠商之間，還有什麼利潤可以擠壓出來，應該是如何和供應鏈上的夥伴，一起把價值創造出來。沒有高度的思考，想的是廠商和廠商之間的競爭；有高度的思考，想的是供應鏈內的合作。一起把餅做大，絕對比爭食有限的小餅來得聰明。

一周之後，我又回到阿姆斯特丹的史基浦機場（Schiphol），準備搭機回台灣。荷蘭人很友善，在機場的輕食 bar 都能聊上幾句，特別是看到像我這樣商務穿著的人。而我也一直被問到同樣的問題：「Where are you from?」

七天前我的回答是：「我來自台灣，面積、人口和擅長貿易，都和荷蘭很類似的一個國家。」七天後我的回答是：「我來自台灣，一個面積、人口和荷蘭相似，但是商業模式和荷蘭差異很大的國家。」

當我再次從機艙窗戶往下俯瞰，對這個貿易發達的國家，我有更深入的理解；對自己的土地，我有更多省思。

B2B業務絕學

沒有高度的思考，想的是廠商和廠商之間的競爭；有高度的思考，想的是供應鏈內的合作。一起把餅做大，絕對比爭食有限的小餅來得聰明。

2 難怪九成以上老闆是業務出身

如果只是一味追求營收，不去解讀數字背後的意涵，那麼跟一個國家只消耗天然資源、追求外匯數字，無法發展出策略性的產業結構，基本上是犯了同樣的錯誤。

我在南非停留的時間非常短，只有三個工作天。但是曾經造訪的地點肯定是永遠難忘：約翰尼斯堡（Johannesburg）的一所監獄。

有這樣的機會，是因為我們生產的一台空氣壓縮機，透過南非進口商賣到監獄內的小型工廠。以原廠製造商的身分，我得以和當地的貿易商進到監獄內部，查看機器安裝兩年後的運轉情況。

這座離市區約一小時車程的監獄，周遭就是一片沙漠景象。用切割整齊、結實碩大石頭所堆砌出來的外牆，讓我感覺像是置身電影拍攝場景。監獄內畫分為一般犯和重刑犯兩個區域，因為這台機器安裝在一般犯（輕度罪犯）工作的工廠內，所以當我們視察機器時，站在我旁邊穿著囚服的壯碩黑人，身上是沒有任何手銬或腳鐐的。不管經過多久回想那一幕，都令我印象深刻。可以說是夾雜著驚恐和不安情緒，故作鎮定的一次經驗吧。

繞過半個地球來到這個國家，當然不只是為了看機器一眼，也不是來討論監獄的安全措施恰當與否，主要是著眼於它的汽車工業。這裡從世界大廠投資的汽車組裝線，一直到周邊零配件的製造商，都存在許多機械產品需求。

我和南非當地的貿易商在車上聊了很多，不過大部分是和機械無關的。對於南非治安敗壞、貧富差距嚴重這些問題，他都毫不避諱的暢所欲言。但是身為一名商人，他對南非的經濟發展絕對有許多期待。只是，伴隨而來的是更多失望。

南非缺乏策略性的產業結構，所以即使因為豐富礦產帶來許多財富，但是這些交易的附加價值卻很低。南非上游工業的初級原料（黃金、鑽石、鉻、錳）大量外銷到已開發國家，經過歐美業者加工後回銷的半成品或金屬製品，利潤就翻漲數十、數百倍。若是不能掌握更下游、更靠近市場的商業活動，永遠在論斤論兩的消耗資源，這個國家就無法創造自己的藍海。

這有點像是九〇年代的中國大陸，豐富的天然資源足以作為賺取外匯的後盾，但是高附加價值的製造業，仍然在歐美先進國家手上。直到二〇〇〇年起，中國逐步朝世界工廠的角色邁進，才對世界經濟有越來越多的主導權。

大自國家、小至個人（業務員），如果我們只看營收的表面數字，但是沒有能力去分析營收的本質，進而產生策略性的因應作為，那就準備扮演後知後覺、隨波逐流的角色。

條件越寬鬆越好做事？看你從哪個角度思考

有一次我應老闆要求，全面檢討業務部對主要客戶的合約條件。一半以上的業務員向我反映，公司的賠償條件太嚴謹，總得花費許多時間和客戶溝通。其中一位業務員甚至拍胸脯向我保證，只要公司政策願意放寬條件，或是「睜一隻眼、閉一隻眼」，他的業績短期內可以增加二〇%。

我問他，合約條件的嚴謹甚至嚴苛，的確會增加開發客戶、爭取訂單的難度，但是除此之外，有沒有什麼優點或正面意涵呢？不出我所料，他搖了搖頭。

「交易條件多了許多限制，和客戶談合作時綁手綁腳，怎麼還會有優點呢？」這是眼光只集中在銷售流程時普遍的想法。

的確，從業務員的角度來看，條件越寬鬆，生意就會越好做。公司設定了嚴謹、嚴苛的合約內容，只會增加客戶溝通的難度，甚至流失一些只看數字的客戶，對銷售過程一點好處也沒有；但是從經營者的高度來看，一群有嚴謹合約規範的客戶（以及隨之產生的營收），和那些為求營收數字、不顧一切爭取到的客戶比起來，這種營收的本質是有機的、是比較健康的。

接著我們談到業界的案例，因為合約內容的鬆散和漏洞百出，幾次爭議事件就給供應商帶來鉅額、不合理的虧損。若是供應商不計代價去搶客戶，但是沒有合理雙贏的模式、無法長久穩定的經營，到頭來雙輸的對象，絕對包括客戶本身。

因此，有思考高度的業務員都應該意識到，接單前後面對的風險態度、應對作為，和承擔的結果都息息相關。

如果我們只是一味追求營收，不去解讀數字背後的意涵，那麼跟一個國家只消耗天然資源、追求外匯數字，無法發展出策略性的產業結構，基本上是犯了同樣的錯誤。

很可惜的是，因為業務工作的進入門檻很低，使得這個領域，充斥太多表面語言和表層思考。

一項非正式的統計顯示：「九成以上的老闆曾經做過業務工作」，這激勵了許多從業人員，提升對自己的價值定位。但是不要忘記了，也有九成以上的業務員，沒有辦法成為老闆或優秀的經理人。

是工作紀律、敬業態度這些細節，決定了平庸和頂尖的差別。同時也是我們的思考深度，決定了自己的價值高度。

B2B業務絕學

九成以上的老闆曾經做過業務工作，這激勵了許多業務員，但是不要忘記了，也有九成以上的業務，沒有辦法成為老闆或優秀的經理人。是工作紀律、敬業態度這些細節，決定了平庸和頂尖的差別。

3 從消費者的不便，看市場

年資的累積，不一定等於個人能力的提升；就像接單量的累積，不一定等於企業競爭力的提升。掌握「市場」的人，永遠比掌握「工廠」來得有影響力。

自從 iPhone 席捲全球以來，如果你是一名會關心財務報表的投資人，大概可以理解品牌公司（蘋果電腦），和代工廠（鴻海）的毛利率有多大差異。假使你任職的公司處在蘋果產品龐大供應鏈的一環，應該更能體會，掌握市場的人，永遠比掌握工廠來得有影響力。

過去電子業流傳過一個笑話。一般人做生意講究雙贏（win-win），也就是買賣雙方互蒙其利。但是在電子業，一旦承接到歐美大廠的代工訂單，雙贏的定義會有所不同。它不是買方、賣方取得各自的勝利，而是客戶初次下單時要大砍價格、先贏一次（win），下單數量達到經濟規模後，會要求繼續調降價格、再贏一次（win）。讓客戶贏兩次（win-win），才是雙贏在這個產業真正的定義。這個說法雖然諷刺，卻也道盡台灣代工產業的無奈。

這就如同職場工作者負責的領域、熟悉的技能，假設數年沒有改變，隨著時間過去，只是處理更多類似的文件、奉獻更多漫長的工時，那麼想要大幅加薪、晉升，或是在組織內發揮更大價值、更上層樓，無疑是不切實際的期待。年資的累積，不一定等於個人能力的提升；就像接單量的累積，不一定等於企業競爭力的提升。

結果，在供應商追逐經濟規模的機構件領域，一個來自台灣的廠商，試著打破傳統的遊戲規則，不以產能、成本為競爭要素，而是從終端顧客的需求，回過頭來思考產品設計。

這個故事，要從智慧型手機的收訊強弱談起。

由於電子產品走向輕、薄、短、小的趨勢，行動電話的外露式天線，幾乎已經被鑲入式（embedded）的設計全面取代。這個用來收發訊號的通訊元件（天線），在越來越小、越薄的手機產品裡，被分配到的空間也不斷被壓縮，連帶造成影響通訊品質的一大挑戰。

來自台灣的團隊——絕對生活（股）公司（Absolute Technology），看到這個使用者的困擾，將手機保護殼和延伸天線兩個概念結合在一起，開發出全球第一款，可以用來增強 iPhone 收訊的手機保護殼（產品介紹連結：https://www.youtube.com/channel/

UCud8xNo_QVDaFVQ7SvhNkng）*。

就連世界品牌的發源地美國、歐洲，都有許多iPhone的愛用者上網訂購，成為這個概念手機殼的粉絲。我與朋友開玩笑的說，這真是亞洲廠商反攻歐美市場的最佳代表。同時，這也是「從顧客的不便看到商機」的最好案例。

在全球製造產業，台灣是許多關鍵零組件的製造商，串聯產業上、中、下游的活動，也有絕佳機會可以發掘下游客戶的不方便和無效率，進而尋求改善空間。許多產品創新、製程改善，以及產業技術的升級，都是從下游客戶的不方便中，得到靈感。

台灣廠商只會代工嗎？我一直對這個說法很不服氣。有許多沉默的隱形冠軍，正在用他們的方式改寫市場規則。同樣的道理，職場生態只能簡化成資方獲勝、或勞方獲勝這種二擇一的單調結論嗎？我可不這麼認為。有人選擇躲在負面的小圈圈內怨天尤人，但是，也有人勇敢走出自己的路。

*產品介紹連結

B2B業務絕學

從顧客的不便看到商機，才是不斷晉升的關鍵。

4 需要你賣命的公司，別待

犧牲和家人相處的時間、經常在半夜發e-mail，還放棄休假來公司加班，我問他為什麼這麼拚命？那位業務毫不猶豫的回答：「就是為公司、為客戶賣命。」我沉思許多，非常誠懇卻也語重心長的告訴他：「這將會是你失去競爭力的原因。」

多年前某個晚上，我看到業務團隊一位認真的同事還在加班，便走過去和他聊了一會兒。

從他整理客戶名片的用心，還有面對堆積如山文件的耐心與學習態度，我好像看見第一次接觸業務工作的自己。熱忱的影響力很大，它讓我們面對客戶時的恐懼、挫折變得微不足道，也讓人在疲累的加班時間可以苦中作樂。

但是，從他身上我也看到，自己曾經有的盲點。

我問他，犧牲和家人相處的時間，經常在半夜發e-mail（我是那個在c.c.欄位的人），還有放棄休假來公司加班，這麼拚命，是如何看待自己和工作的關係。

他毫不猶豫的回答我：「就是為公司、為客戶賣命。」

我並不是倚老賣老的人，當時所處的公司也沒有權威型的組織文化。所以我很確定，這是他不經修飾、真實的想法，而不是應付主管的場面話。

沉思了許久，我非常誠懇卻也語重心長的告訴他：「這會是你失去競爭力的原因。」

他不可置信的看著我，甚至認為我在開玩笑。在身心俱疲的加班時間，這肯定是很難笑的笑話。當然，那真的沒有開玩笑的成分。

當我第一次在台灣招待美國來的客戶，對方是研發部門的主管，在通訊領域有二十年的專業經驗。但是他對產業鏈的了解並不是很廣泛，也是第一次造訪台灣。我向他介紹台灣的電子代工王國，還有當時高股票、高分紅的科技新貴，都令他頻頻點頭、稱讚台灣的成就。

但當他聽到許多科技大廠，晚上十點仍然燈火通明的辦公室文化，立刻皺起眉頭，非常嚴肅的問我：「這樣的企業怎麼會有競爭力？」

當時的我對台灣電子業的商業模式習以為常，我不認為，幸福員工與企業競爭力一定得畫上等號。而我自己過了好幾年拚命三郎的生活，我只知道我越賣命，企業應該是越有競爭力，從來沒有懷疑過。

努力絕對必要，但……

然而這幾年來的產業發展，給了我們一些答案。

一支 iPhone 手機，出腦力的蘋果公司賺二百美元（約新台幣六千五百元），出勞力的台灣代工廠賺二美元，這是毛利率保三（三%）、保四（四%）的台灣電子業寫照。不計代價拚到極限的模式，能不能長久，就像奮不顧身賣命的工作方式能不能長久，是一樣的問題。

賈伯斯曾說：「人才的質量比數量重要。」歐美企業的確不擅長用軍事化方式，把人力當成效率流程的一部分來大量管理，而是創造一個激發熱情的環境。因為熱情這個字和人密不可分，也就理所當然的重視人性價值。

宏碁集團創辦人施振榮於一九九二年提出「微笑曲線」（編按：分成左、中、右三段，左段為技術、專利，中段為組裝、製造，右段為品牌、服務，而曲線代表的是獲利，微笑曲線在中段位置為獲利低位，而在左右兩段位置則為獲利高位，如此整個曲線看起來像是個微笑符號。含意即是：要增加企業的盈利，絕不是持續在組裝、製造位置，而是往左端或右端位置邁進），也就是二十年前。不曉得二十年前聽聞微笑曲線的企業主，是不是也露出不可置信的表情？因為在代工盛行的年代，竟然有一個理論，叫我們不要依賴那些數量、金額龐大的代工訂單？

為客戶賣命的經營模式，一直是台灣公司引以為傲的。

在辦公室用爆肝換來高收入，並得到「台灣人二十四小時待命」的「美名」；在工廠則是把員工、軟硬體的生產力發揮到極限，然後象徵性放一些健身器材，要員工好好照顧健康。這些企業把對外競爭力最大化，卻沒有人真的關心對內的人性元素。

最諷刺的是，誰該為這個漠不關心負最大的責任？恐怕不是客戶，而是自動把幸福的員工和企業競爭力，視為兩件事的我們。

亞洲企業在品牌價值、商業創新的觀念，逐漸跟上歐美腳步的同時，也開始學習到：需要賣命的產業，不值得永續經營；而那些可以永續經營的產業，不會需要賣命。

如果一個工作者把自己的命都賣給公司、賣給客戶，連自己都照顧不好，當然會失去獨立思考、開放創新的能力。到頭來，只好做一個口令一個動作的代工。

回過頭來說，單一個人對產業的影響力有限，但是我們都可以決定，自己的工作方式。努力絕對是必要的，但是讓自己有平衡的身心，也是重要的一門課。

B2B業務絕學

需要賣命的產業，不值得永續經營；而那些可以永續經營的產業，不會需要賣命，選擇服務單位時，也是同樣的道理。

5 別讓細節成為你的破窗

大家都知道業務員必須注重襯衫、領帶、皮鞋的整齊清潔，從這些小地方傳達專業的形象給客戶。就像破窗理論一樣，如果在客戶面前，這些小細節都丟三落四，誰會相信你在客戶背後，有多麼專業的行為？

我的班機是從印度進入斯里蘭卡（Sri Lanka），所以在很「正常」的白天時間抵達可倫坡機場（Colombo）。

在這個印度南方的島國，國內經濟與對外貿易的發展，都相對緩慢與疲弱，因此，這個全國唯一的國際機場，往來亞洲主要城市的班機，大多在冷門的夜間時段起降。從機場還有許多非英語文字看來（據悉是斯里蘭卡的官方語言：僧伽羅語 Sinhala），國際商務人士與觀光客的流量，還沒有大到讓它有全面國際化的動機。

那一年因為內戰還沒有結束，出了機場的第一個場景讓我倒吸一口氣。用沙包堆成的小碉堡上面，架著一支機關槍，正對著機場聯外道路的正中央。坐在計程車內往市區而去，我第一次感覺自己像是直奔戰爭片現場。

我所見到的斯里蘭卡市區，其實是友善又平靜的。到處可以看見店家在販賣聞名全球的錫蘭紅茶，路邊小販兜售飾品或廉價珠寶的場景，就跟我們印象中的亞洲城市沒有兩樣。唯獨多了一些身著軍裝、拿著步槍的軍人，偶而出現在市區的檢查哨，一般民眾似乎也習以為常、相安無事。

我拜訪的是當地一位貿易商，希望有機會與對方建立，將台灣產品引進斯里蘭卡市場的合作管道。在他老舊又狹小的辦公空間裡，文件和文具的陳列井然有序，讓我印象很深刻，忍不住多注視了幾眼。他的辦公桌既沒有對外開放，也不需要對關係如家人的兩三名員工，塑造什麼領導形象。我想他一定有很好的工作習慣，才會這麼重視細節。

我的肢體語言，表現出的好奇心大概太過明顯，他笑著問我，有沒有聽過「破窗理論」（Broken Windows Theory）。當時我是第一次聽到這個名詞，於是他很有耐心的向我說明這個理論的由來，以及這和他的辦公桌有什麼關聯。

「破窗理論」是由犯罪學專家詹姆士．威爾遜（James Q. Wilson）和喬治．凱林（George L. Kelling）在一九八二年提出。研究結果顯示，若是放任環境中的不良現象存在，就會使負面效應被模仿和擴大。就如同一扇窗破了一個洞沒有修補，短時間內就會有更多人破壞，最後演變成竊盜或是其他犯罪事件。

這位斯里蘭卡商人告訴我，雖然他經營的是小事業，但是他希望生意往來的大小事情都按部就班，無形中會避開許多風險和損失。例如，人為疏忽導致信用狀的內容稍有瑕疵，曾經讓他損失數千美元。所以從辦公桌的細節做起，是讓他處事更謹慎準確的一種方式。

細節，決定你的專業

這是幾年前的事了，當時我覺得頗有道理。對這樣一位身處印度洋島國的商人，居然對心理學有幾分涉獵且身體力行，我由衷感到佩服。他教了我一堂課，讓我了解到破窗理論，和他小小的辦公桌有什麼關聯。

然後，再經過幾年的工作經驗，又讓我對破窗理論有更多的體會和感受。原來，工作和生活中的很多道理都是相通的。

大家都知道業務員必須注重襯衫、領帶、皮鞋的整齊清潔，從這些小地方傳達專業的形象給客戶。就像破窗理論一樣，如果在客戶面前，這些小細節都丟三落四，誰會相信你在客戶背後，有多麼專業的行為？

更重要的是，一名業務員從這些小事做起，也是建立自己專業形象，以及敬業態度的最佳途徑。

又或者，一份提案裡面充滿文不對題的內容，用字遣詞又是錯誤百出，這種文件套上再怎麼精美的印刷和裝訂，也只是幫自己冠上名不副實、虛有其表的標籤。中國人所說的見微知著，大概也有相同的意涵在其中。

B2B業務絕學

雖然經營的是小事業，但只要生意往來的大小事情都按部就班，無形中就能避開許多風險和損失。

6 找不到機會財就賺不到管理財

在價格不變的前提下，更高品質、更多服務的空間在哪裡？又或者，在目前的產品和服務項目，顧客願意支付更高價格的可能性是什麼？當遊戲規則改變，市場秩序被重新洗牌，就會有新的「機會財」出現。

五月的濟南機場，溫度稍熱但在可接受的範圍，空氣則是比台北乾燥了許多。我為了管理諮詢案造訪中國，同時也貼近製造業的第一線營運現場，看看我理解中的世界工廠，這幾年有什麼改變。

時間回推到二〇〇〇年，大陸製造業快速成長之際，市場上到處充滿了機會。即便是設備不完善、管理水準不成熟，任何企業只要卡位得早，照樣可以因為抓住機會而賺取財富，這是所謂的機會財。

過去十多年在外資企業的刺激與帶動下，中國的產業和市場環境變得更成熟，有本事的企業越來越多。光是看到機會並不能保證獲利，因為有條件去抓住機會的人太多了。惟有在管理能力上勝出，才能將機會轉變成財富，這種情勢下賺取的是「管理財」。

當中國沿海的工業環境變得更成熟，經營成本大幅高漲，機會財不再俯首即是。反倒是北方與內陸地區，因為要吸引製造業來創造就業、提振經濟，地方政府向企業提出的各種土地、租稅優惠，加上產業和市場發展初期的秩序建立、重組，證明機會財是流向這些工業剛起步的區域。而相對進步的南方，就轉變成管理財更需要被重視的環境。

「那麼，台灣呢？」

從班機起飛離開桃園機場不久，這個問題就一直在我腦中環繞。

就總體經濟來看，台灣已經很難出現爆炸性成長的需求，那是新興市場才享受得到的機會財。但是就個別產業來說，勇於創新的企業應該挑戰新的市場、建立新的通路，更重要的是發展並提供客戶新的價值。

例如在價格不變的前提下，更高品質、更多服務的空間在哪裡；又或者，在目前的產品和服務項目，顧客願意支付更高價格的可能性是什麼。當遊戲規則改變，市場秩序被重新洗牌，就會有新的機會財出現。

追求機會財還是管理財，看得出一家企業的競爭力何在，而這個道理，也可以用來分析一個人的業務力。

有些業務人員勇於陌生開發，也懂得自我行銷，創造許多曝光的機會。但是接觸了許多潛在客戶之後，因為議價談判、客戶管理能力的不足，以至於讓許多機會流失甚至搞砸了。所以，這種業務人員只會經營淺層的顧客關係，在銷售周期較長、解決方案較複雜的銷售活動中，他們就顯得技窮。只懂得追逐機會財，但是機會來臨了，也是要有真本事才能夠抓住。

從另一個角度來說，假設你有很好的資質，溝通能力又是高人一等，但是不願意到市場上尋找新的機會、接受各種挫折，那麼再好的條件也是枉然。

有一次我在中國面試一位年輕人，他花了超過一百元人民幣（約新台幣五百元）交通費，和將近一整天的通車時間，只為了一小時的面談。在談了五分鐘之後，我就了解這位年輕人不合格，他不但對產業、職務的認識不夠，實務經驗和判斷能力也還需要磨練。

然而他在過程中展現勇於嘗試的精神，卻讓我印象非常深刻。他沒有台灣新一代年輕人的優渥生活和個人條件，就像許多中國剛起步的工業區或城鎮一樣，先天體質差得多。但是他願意嘗試和碰撞新的機會，強烈的學習意願，將會使一個人從只能追求機會財，成長為有能力創造管理財。

相較之下，台灣許多年輕人沒有體會過匱乏感，我認為這是下一代最主要的危機所在。

依我個人的看法，為人父母者在孩子未有經濟自主能力之前，不要給他買最好的球鞋或文具，那會抹煞他們追求機會的能力；職場工作者在未累積足夠的專業之前，不要輕易說「我懂什麼」，應該多問「我還不懂什麼」；企業經營者除了成本控制這一類「防守」的管理議題，也要主動出擊，找尋新的營收來源與商業模式。

在一個相對成熟的經濟環境，台灣需要更多開創精神，以及多一些行動家、少一些評論員。否則，找不出機會財，再多管理財的能力也是空談。

B2B業務絕學

許多人沒有體會過匱乏之感，我認為，這是踏入職場最主要的危機所在。在一個相對成熟的經濟環境，我們需要更多開創精神，以及多一些行動家、少一些評論員。否則，找不出機會財，再多管理財的能力也是空談。

7 把職業當事業來經營

除了營收小和風險小之外，我看不出業務工作所磨練的技能，和創業的老闆有什麼差別。

午餐時間，我請一位業務部的同仁和我一起用餐。平時我們在辦公室和會議室這些嚴肅場合的對話已經夠多了，我想透過非正式場合的閒聊，建立更全面且真實的溝通。

這是一家位於中國的工廠，和大部分成長快速的製造業一樣，產能趕不上接單的速度，管理制度也跟不上組織擴張的腳步，一切都在混亂之中前進。公司創辦人自稱現況為「野蠻生長」，第一次聽到這個名詞的時候，我覺得很有趣也很貼切。其實早在二〇〇七年，中國的企業家馮侖直接以野蠻生長為書名，論述中國民營企業成長的過去和未來。

在這種環境下的業務部門，就成了客戶和工廠之間的夾心餅乾。業務人員經常為了工廠交不出貨，受到國外客戶的各種指責和抱怨。所以當我融入這一群年輕業務員，深入第一線輔導業務工作的細節時，他們問我的第一個問題竟然是：「除了 Sorry 之外，還有哪些向國外客戶道歉的英文用語？」雖然是讓人啼笑皆非，卻也真實反映他們的無奈。

年輕業務 Nancy 剛到職一年，這也是她的第一份工作。生產單位的混亂，加上來自客戶的壓力，已經讓她產生嚴重的倦怠感。我希望午餐時間的對話，可以幫助她減輕一些壓力，同時也聽聽她對工作的想法。

「先不談那些搞不定的訂單排程，還有令人厭倦的公司問題。我比較想了解像妳這樣的年輕人，對工作抱持什麼態度。妳願意聊一聊嗎？」我希望她不要把我當成準備說教的主管，而是願意交換真實想法的朋友。

「現在的工作嗎？就是一份讓人每天都有無力感的苦差事，才一年時間就把我的熱情消耗光了。」Nancy 來自大陸北方，她的回答承襲北方人的傳統，直率又坦白。

「我可以理解這種感覺，沒錯，那實在是糟透了！」我說。

看到我不是一味的為公司、為管理階層說話，Nancy 露出一點笑容。我想至少此刻她可以感受到，我不是來陳述官方說法或陳腔濫調的。

我接著問：「那麼你有沒有想過，自己從這份工作中得到什麼？五年、十年後，自己要成為什麼樣的人、達到什麼目標呢？」

「我希望工作幾年存一些錢，然後可以創業。不是什麼大事業，就是五人以下那種小的貿易公司就好了。」Nancy 的回答沒有太多猶豫，顯然這個想法，已經在她心中醞釀一段時間。

「有自己的夢想是很棒的事，光是這樣的態度和企圖心，我就為妳感到高興了。」我接著說：「多數人創業是為了追求工作或財務上的自主權，然而，風險評估卻是更重要的課題。妳有衡量過創業的風險是什麼嗎？」

沒有太大的意外，Nancy 搖搖頭。我想在她這個年紀，這種反應是正常的。接著我把手機螢幕轉換到計算機功能，估算她的五人貿易公司，要承擔多少財務風險。

沒有生產設備、不必囤積庫存，在中國大陸的二線城市承租一個小辦公室。每個月固定支出的房租、水電、人事成本，加上開辦公司基本的費用以三年攤提，得到的數字大約是 Nancy 現在每月薪資的十倍。而這也是她美夢成真成為老闆之後，每個月必須面對的基本財務風險。

她的表情變得嚴肅，不像剛才一開始那樣眉飛色舞，這大概是第一次有人帶她務實的面對夢想。簡單來說，她要先有辦法創造超過自己目前薪資十倍的利潤，她的公司才能開始賺錢。如果她做買進賣出的利潤率，可以有二〇％，營業額也要有利潤的五倍才行。

結論就是，Nancy 至少要做到自己薪資五十倍的生意，她的公司才有可能存活。

我並不打算和她陷入數字遊戲當中，做這樣的試算，是希望她理解創業最真實的風險。另一方面，我期待她可以換一種心態，來看待自己現在的業務工作。

「是的，要維持一個可以生存的商業模式，就是這麼的現實且殘酷。所以在妳還沒有機會創業之前，不妨把現在的業務工作當成一種內部創業。當然，它的營收小得多，不過卻是穩賺不賠、細水長流的。最大的好處是，它所要面臨的財務風險，遠低於一間貿易公司。」

「除了營收小和風險小之外，我看不出妳的業務工作所磨練的技能，和創業的老闆有什麼差別。」聽到我把她的工作和「老闆」連結在一起，Nancy 似乎覺得很有意思。

「產品、產能出了問題，妳要去了解和處理；訂單太多、訂單太少，妳都要煩惱、都得和客戶溝通。一位老闆必須關心的核心議題，正是這些麻煩事。如果妳現在都無法克服或勝任，那麼我保證妳創業之後，只會更手足無措。」

Nancy 的眼神變得不一樣，我想她已經拉高自己的格局了。

「所以妳不是在業務部門打工，妳要把自己的職業當成事業來經營。一般人做不到這一點，就是因為職業的風險太低了，讓人把自己的格局也跟著降低。但有誰規定，低風險的工作，不能有高格局呢？」

我希望拋出一些不同的觀點，但是又不要把餐桌上的對話變得太嚴肅。

若是 Nancy 把自己的視野，從混亂的辦公室暫時抽離，去想一想五年後的目標，去想一想創業帶來的機會與風險是什麼，她會發現：「業務員是多麼低風險又高格局的工作。」

當然，這是一個主觀的想法，每個人能夠理解和接受的價值觀也不同。就像五年、十年之後，Nancy 和其他同儕的發展也會大不相同。

B2B業務絕學

用低風險做高格局的事，是業務工作最大的優勢。

結語

競爭力不是占一個位置，而是處於一種狀態

競爭力絕對不是一個位置。或者說，那些靠一時位置所建立的競爭力，在我看來並不可靠、不真實。

有機會回到「外貿協會國企班」演講，我除了感到榮幸，還有更多感動在心中。走在新竹熟悉的校園，十年前那個拖著行李、充滿熱忱的我，彷彿就在眼前。因為當年我選擇留職停薪，我很清楚自己做的決定背後，是什麼樣的機會成本。雖然不至於到破釜沉舟的地步，但是先前的工作經歷，的確讓我有更成熟的心態去歸零學習。

從接到演講邀請開始，我就一直思考過去十年自己心境上有何轉變，有什麼心得可以分享給現在的學員。他們之中有人和我當年一樣，必須放棄工作當個「全職學生」。至於大學畢業後直接報考就讀的人，大多也有強烈的企圖心。我希望以過來人的身分，給他們一些真正有用的心得，就像當年我坐在台下所渴望獲得的。

做出暫離職場兩年的決定，到外貿協會進修，兩年的薪資和工作資歷，是我付出

最直接的機會成本。回想當時的心情，是為了追求一個更有競爭力的位置。對職場人來說，多益（TOEIC）七百分是一個位置，九百分是另一個不同的位置。當然，取得「貿協國企班」的結業證書，又是一個更有競爭力的位置。

因此，我就像田徑場上的選手一樣，努力向前奔跑，以取得一個又一個更好的位置。訓練過程感到疲累不堪，前方的終點線就是一個勝利的位置，一個督促自己不要鬆懈的圖騰。

終於我度過全心投入、問心無愧的兩年，順利結業。回到職場後自己的能力大幅提高，確實處於更有競爭力的位置了。然而，當我爭取到更好的位置，別人對我的期待提高，同時也肩負更多的責任。如果只是占據一個位置、進入舒適圈，但是丟棄初衷、停止前進，我猜自己最終就只是成為職場上傲慢的前輩、主管，或者就是格局狹小的既得利益者而已。很明顯的，我不願意成為那種角色。因此，這幾年我最大的心得是：「競爭力並不是一個位置。」

在外貿協會新竹校區的大禮堂，我拿著麥克風，看著座位上三百多位年輕的學弟妹，當下看似我占據了比較風光、比較有競爭力的位置。然而，我希望傳達的核心觀念是：競爭力絕對不是一個位置。或者說，那些靠一時位置所建立的競爭力，在我看來並不可靠、不真實。

那麼競爭力到底是什麼？我認為它應該是一種「狀態」。舉例來說，兩年的訓練課程再怎麼扎實，都不可能涵蓋工作需要的全部知識，甚至許多商業理論，是無法帶到現實世界一體適用的。但是分析問題的能力、面對困難的抗壓性，以及在有限時間內，對陌生議題的深度解讀等，都是可以帶出校園、帶進職場的能力。是這些能力讓我們處於一個有競爭力的狀態，而非可以停止學習、停止努力的位置。

想在市場上勝出，別問公不公平

而關於在市場上競爭這件事，其實在身為業務員的那一刻就開始。

或許，很多業務走出辦公室到市場上競爭廝殺，才發現市場上從來沒有公平競爭這件事。我剛成為業務時，也曾抱持著這種期待，不過很快的我就得到了教訓。

我永遠記得在第一份工作，花了整整兩周的時間，自己製作了第一份報價提案書。過程中我不但將自家產品（影印機）的特點，以客戶的立場和語言做了完整敘述，另外還蒐集了競爭廠牌的硬體規格、優缺點分析與參考價格比較表，成為一份鉅細靡遺的簡報資料。

拜訪客戶的前一日，我還找了資深的業務主管重複演練數次，充分揣摩抓住客戶心理的表達技巧，信心滿滿的期待一場完美簡報。

然而，當日客戶見面的第一句話是：「其實我上次沒告訴你，我的親戚也在這一行當業務員，他有來提案。」

那種感覺像是一名準備充分的球員，來到球場卻發現，所有的裁判都是對手陣營派來的。比賽還沒開始，結果幾乎已經揭曉了。

即便再錯愕與失落，我還是照計畫進行了簡報，而結果也沒有太大意外，我們輸掉了那一場競標。

對我而言，這是寶貴的一堂課。而要在掉了這種專案之後，重新提起熱情面對下一個客戶，也是極具挑戰的修煉。

聽起來真不公平，是嗎？我想對大部分習慣上課、考試、放榜的學生來說，甚至是難以理解。不過，這就是業務工作，這就是商業競爭的縮影之一。

如果你期待這是一個公平的世界，千萬別做業務工作。也不必期待所有選手都從同一個起跑點出發，每個人都穿一樣品質的球鞋、球衣，然後全部遵照公平的遊戲規則。

你能做的，就是做好一次又一次的賽前訓練，讓自己更強壯、更有競爭力。然後在槍響之後，奮力的往前衝刺。因為，競爭力是一種狀態，而非一個位置。

國家圖書館出版品預行編目(CIP)資料

90% 高級主管出身業務，B2B 聖經：領高薪、晉升快，認識大老闆，這是你最快成功的捷徑！／吳育宏著. --
臺北市：大是文化，2016.01
304面；17×23公分. --（Biz；176）
ISBN 978-986-5612-02-3（平裝）

1.銷售　2.業務管理

496.5　　104014667

Biz 176

90% 高級主管出身業務，B2B 聖經
領高薪、晉升快，認識大老闆，這是你最快成功的捷徑！

作　　者／吳育宏
美術編輯／張皓婷
副總編輯／顏惠君
總 編 輯／吳依瑋
發 行 人／徐仲秋
會　　計／許鳳雪、陳嬅娟
版權經理／郝麗珍
行銷企劃／徐千晴、周以婷
業務助理／王德渝
業務專員／馬絮盈、留婉茹
業務經理／林裕安
總 經 理／陳絜吾

出 版 者／大是文化有限公司
台北市衡陽路 7 號 8 樓
編輯部電話：（02）2375-7911
購書相關資訊請洽：（02）2375-7911 分機122
24小時讀者服務傳真：（02）2375-6999
讀者服務E-mail：haom@ms28.hinet.net
郵政劃撥帳號 19983366　戶名／大是文化有限公司

法律顧問／永然聯合法律事務所
香港發行／豐達出版發行有限公司
Rich Publishing & Distribution Ltd
香港柴灣永泰道70號柴灣工業城第2期1805室
Unit 1805, Ph.2, Chai Wan Ind City, 70 Wing Tai Rd, Chai Wan, Hong Kong
Tel：2172-6513　Fax：2172-4355　E-mail：cary@subseasy.com.hk

封面設計／孫永芳
內頁排版／顏麟驊
攝　　影／吳毅平
印　　刷／緯峰印刷股份有限公司
出版日期／2015 年 12 月 29 日 Printed in Taiwan
2020 年 11 月 24 日 初版六刷
定　　價／新台幣 340 元（缺頁或裝訂錯誤的書，請寄回更換）
ISBN　978-986-5612-02-3（平裝）